上海海洋经济调查分析

钱晓峰 虞卫东 贝竹园 张呈 王军 陆倩雯 编著

上海科技教育出版社

图书在版编目(CIP)数据

上海海洋经济调查分析／钱晓峰等编著.—上海：
上海科技教育出版社,2021.8
ISBN 978-7-5428-7549-5

Ⅰ.①上… Ⅱ.①钱… Ⅲ.①海洋经济—区域经济发
展—调查研究—上海 Ⅳ.①P74

中国版本图书馆 CIP 数据核字(2021)第 120236 号

责任编辑　张伟琼
封面设计　杨　静

上海海洋经济调查分析

钱晓峰　虞卫东　贝竹园　张　呈　王　军　陆倩雯　编著

出版发行　上海科技教育出版社有限公司
　　　　　(上海市柳州路 218 号　邮政编码 200235)

网　　　址　www.sste.com　www.ewen.co
经　　　销　各地新华书店
印　　　刷　上海商务联西印刷有限公司
开　　　本　787×1092　1/16
印　　　张　12.25
版　　　次　2021 年 8 月第 1 版
印　　　次　2021 年 8 月第 1 次印刷
书　　　号　ISBN 978-7-5428-7549-5/N·1125
定　　　价　48.00 元

前　言
PREFACE

第一次全国海洋经济调查是国务院批准同意的一项重大的国情、海情调查,旨在摸清海洋经济"家底",实现海洋经济基础数据在全国、全行业的全覆盖和一致性,有效满足海洋经济统计分析、监测预警和评估决策等信息需求,进一步提高对海洋经济宏观调控的支持能力,为科学谋划海洋经济长远发展,实现海洋强国战略,维护海洋经济安全提供支撑。

按照第一次全国海洋经济调查领导小组要求,上海市人民政府批准成立了上海市第一次全国海洋经济调查工作推进小组(以下简称"市调查推进小组")及其办公室(以下简称"市调查办"),由市政府分管副秘书长担任组长,22个相关部门为成员,负责统一领导、组织部署上海市海洋经济调查工作。在《第一次全国海洋经济调查总体方案》《第一次全国海洋经济调查实施方案》及调查规范的基础上,制定了《第一次全国海洋经济调查上海市总体方案》《第一次全国海洋经济调查上海市实施方案》及管理制度,明确了涉海单位清查、产业调查、专题调查和应用开发4项调查任务;组建了市、区两级调查机构,建立了调查工作机制,落实了调查经费、工作场所和工作人员,全面开展了上海市第一次全国海洋经济调查工作。

按照符合国家要求、体现上海特色的工作原则,在国家、海区、市三级海洋经济调查领导机构的领导和各成员单位及各区政府的支持下,市、区两级调查机构动员1000余名调查人员,采取全面调查和抽样调查相结合,以入户调查为主要调查方式,坚持全过程质量控制,严格落实调查单位内审、调查员收审、调查指导员复审、调查员互审"四级审验制",采取组织动员、宣传推广、人员培训、台账建设、行政协助、数据共享、系统逐级审核、上级质量检查、复核整改、汇总分析、专家会审和成果验收等措施,确保了本次调查工作的顺利实施。

本次海洋经济调查开展了6.3万家涉海单位清查、7222家海洋产业调查、11.2万家海洋相关产业抽样调查、8个海洋专题调查及上海深海技术研发专题调查,形成了7494

家的涉海单位名录和 48 633 份有效填报报表,基本掌握了调查年份上海市海洋经济基础信息,编制了市、区两级方案类、名录类、数据类、报告类成果,分析了上海市海洋经济发展总体状况、重点海洋产业发展状况,开发建设了海洋经济调查成果应用平台,分别通过了国家级、海区级验收及档案进馆验收,全面完成了上海市第一次全国海洋经济调查。调查数据总体真实可靠、全面客观,为海洋经济统计核算、发展分析、趋势研判、政策研究等业务工作提供了第一手的基础数据,调查成果得到了充分的应用。

本次调查时间是 2013 年和 2015 年,崇明县于 2016 年撤县改区,为方便记录与分析,本调查中统一称为崇明区。

目　录
CONTENTS

第一章 海洋经济调查的主要要求

第一节 调查目标

第一次全国海洋经济调查是国务院批准开展的一项重大的国情、海情调查,对于摸清海洋经济"家底",实现海洋经济基础数据在全国、全行业的全覆盖和一致性,有效满足海洋经济统计分析、监测预警和评估决策等信息需求,进一步提高对海洋经济宏观调控的支持能力,为科学谋划海洋经济长远发展、实现海洋强国战略、维护海洋经济安全提供支撑。上海市海洋经济调查的总体目标是全面、系统掌握上海市海洋经济基本情况,为国家提供全口径、规范化的基础信息,加强调查成果应用开发,为上海市海洋经济发展提供信息支撑和服务,具体目标包括:一是全面摸清上海市涉海单位基本信息,形成涉海单位名录库;二是掌握上海市海洋经济现状,分析上海市海洋经济发展水平、结构和分布;三是了解临海开发区经济活动和海岛海洋经济情况,分析海洋对沿海经济社会发展的贡献;四是完善海洋工程项目、围填海规模、防灾减灾、节能减排、科技创新等基础信息,了解其对海洋经济发展的影响。

本次调查所涉及的海洋经济是指,开发、利用和保护海洋的各类产业活动,以及与之相关联活动的总和。根据海洋经济活动的性质,将海洋经济划分为海洋产业和海洋相关产业。其中,海洋产业是指开发、利用和保护海洋所进行的生产和服务活动,包括直接从海洋中获取产品的生产和服务活动,直接从海洋中获取的产品的一次加工生产和服务活动,直接应用于海洋和海洋开发活动的产品生产和服务活动,利用海水或海洋空间作为生产过程的基本要素所进行的生产和服务活动,海洋科学研究、教育、管理和服务活动;海洋相关产业是指以各种投入产出为联系纽带,与海洋产业构成技术经济联系的产业。

第二节 调查任务

上海市第一次全国海洋经济调查包括4项调查任务,分别是涉海单位清查、产业调查、专题调查和应用开发。

一、涉海单位清查

涉海单位清查包括上海市行政区域内从事海洋经济活动的法人单位。

二、产业调查

产业调查包括海洋渔业、海洋水产品加工业、海洋油气业、海洋矿业、海洋盐业、海洋船舶工业、海洋工程装备制造业、海洋化工业、海洋药物和生物制品业、海洋工程建筑业、海洋可再生能源利用业、海水利用业、海洋交通运输业、海洋旅游业、海洋科研教育管理服务业和海洋相关产业调查等。

三、专题调查

专题调查包括海洋工程项目基本情况、围填海规模、海洋防灾减灾、海洋节能减排、海洋科技创新、涉海企业投融资、临海开发区、海岛海洋经济情况调查等。

四、应用开发

应用开发包括海洋经济调查成果应用平台建设,海洋经济调查成果专题研究和上海自增专题调查。

第三节　调查时间

第一次全国海洋经济调查的时点为 2013 年 12 月 31 日 24 时和 2015 年 12 月 31 日 24 时,时期为 2013、2015 年度。

凡是 2013、2015 年末资料,均以调查时点数据为准;凡是年度资料,均以当年 1 月 1 日至 12 月 31 日全年数据为准。

涉海单位清查阶段:第一次全国海洋经济调查领导小组办公室(以下简称"全国调查办")与国家统计局共享 2015 年基本单位名录信息。在此基础上,上海市各级调查机构组织开展涉海单位清查,编制 2015 年涉海单位名录。

产业调查阶段:依据涉海单位名录,上海市各级调查机构开展调查,组织各涉海单位填报 2015 年数据。

数据共享阶段:由全国调查办将 2015 年涉海单位名录,与已共享的第三次全国经济普查(以下简称"三经普")底册数据资料进行比对,为保持数据一致性,对 2013 年已有的法人单位,由全国调查办与国家统计局协调,统一共享相关涉海单位 2013 年的从业人员、财务状况、能源和水消耗、科技情况、信息化情况等数据。同时为减轻被调查单位的负担,仅对涉海单位开展产业调查和专题调查,不另行调查 2015 年涉海单位名录内企业的财务数据,由全国调查办与国家统计局协调,共享其"四上"涉海单位 2015 年的相关数据。在此基础上,为满足上海市海洋经济调查成果分析应用的需求,根据全国调查办共享及反馈情况,上海市各级调查机构与本级统计部门进一步协商共享涉海单位上述数据。

第四节　调查范围与对象

一、调查范围

调查范围为上海市行政区域，包括5个沿海区（浦东新区、宝山区、金山区、奉贤区和崇明区）和11个非沿海区（黄浦区、静安区、徐汇区、长宁区、普陀区、虹口区、杨浦区、闵行区、嘉定区、松江区和青浦区）。

二、调查对象

（一）产业调查对象

上海市行政区域内从事海洋经济活动的法人单位和渔民。

（二）专题调查对象

海洋工程项目基本情况调查对象：直接占用海岸线或海域空间的工程建设项目，以及从事海洋工程建设、施工、运营、咨询服务的法人单位等。

围填海规模情况调查对象：填海项目、围海项目，以及在填海形成陆地上从事经济活动的法人单位等。

海洋防灾减灾情况调查对象：海岸防护设施、海洋灾害承灾体，以及从事海洋防灾减灾业务的相关机构等。

海洋节能减排情况调查对象：向上海市海域排放污水及污染物的各类陆源入海污染源（包括入海排污口、河流和沿海城市产污主体等）和涉海单位。

海洋科技创新、涉海企业投融资调查对象：从事海洋经济活动的法人单位。

临海开发区调查对象：临海开发区管理机构等。临海开发区指位于沿海区的国家级经济技术开发区、高新技术产业开发区、海关特殊监管区域（包括保税区、出口加工区、保税物流园区、跨境工业园区、保税港区、综合保税区）和市级经济开发区（或工业园区）、高新技术产业园区、特色产业园区等。

海岛海洋经济调查对象：有居民海岛的所有法人单位及相关海岛基础设施等。

第五节　调查内容

上海市第一次全国海洋经济调查内容主要涉及涉海单位清查、产业调查、专题调查等方面。

一、涉海单位清查内容

各类法人单位生产的海洋产品、提供的海洋服务、来源于海洋的生产材料或辅助材料、从事的海洋工程建筑项目、设立的海洋专业等。

二、产业调查内容

海洋及相关产业的生产经营情况、产品生产和服务提供情况、出口情况、原材料和主要生产设备情况等。

三、专题调查内容

(一) 海洋工程项目基本情况

海洋工程项目名称、类型、状态、投资额等,海洋工程建设、施工、运营、咨询、设计、勘查、海域论证、环境影响评价单位的经营情况等。

(二) 围填海规模情况

填海造地项目和围海项目的名称、位置、用海面积、状态和投资额等基本情况。填海造地后的陆域面积和使用情况,建设项目状态及运营状况等。

(三) 海洋防灾减灾情况

海岸防护设施、海洋灾害承灾体、海洋防灾减灾机构基本属性和防灾减灾投入情况等。

(四) 海洋节能减排情况

陆源入海污染源基本属性,产污主体的入海污染物排放情况,涉海企业的能耗情况等。

(五) 海洋科技创新情况

海洋科研机构和涉海院校研发机构的数量、经费投入、经费支出、研发人员及课题情况、科技产出及成果情况等,涉海工业企业的研发人员和经费支出、新产品开发及生产情况、专利情况等。

(六) 涉海企业投融资情况

涉海企业投融资规模,购买保险情况,涉海上市公司行业类别、发行规模等。

（七）临海开发区情况

临海开发区的面积、岸线及填海情况,经济总量、财政收入、对外贸易和固定资产投资情况以及区内单位的基本信息等。

（八）海岛海洋经济情况

海岛主要海洋产业情况、社会经济基本情况、海岛基础设施情况等。

第六节　调查方法

根据各类调查对象、范围、内容的差异,结合海洋经济特点,本次调查在基础资料收集整合的基础上,以全面调查为主,并辅之以抽样调查等。

一、全面调查

采用全面调查方法,对所有调查对象逐一开展调查。

（1）涉海单位清查:在三经普基本单位名录的基础上,对各类单位是否从事海洋经济活动进行逐一清查,并标识认定,建立涉海单位名录。

（2）产业调查:对从事海洋渔业、海洋水产品加工业、海洋油气业、海洋矿业、海洋盐业、海洋船舶工业、海洋工程装备制造业、海洋化工业、海洋药物和生物制品业、海洋工程建筑业、海洋可再生能源利用业、海水利用业、海洋交通运输业、海洋旅游业、海洋科研教育管理服务业的单位开展全面调查。

（3）专题调查:对海洋工程项目基本情况、围填海规模、海洋防灾减灾、海洋节能减排、海洋科技创新、涉海企业投融资、临海开发区、海岛海洋经济等各专题涉及的单位开展全面调查。

二、抽样调查

对部分海洋相关产业,按照分层、随机等距抽样方法,主要采用目录抽样,从单位底册中抽取样本单位进行调查。

三、基础资料收集整合

为防止重复调查,减轻调查对象负担,确保与相关涉海部门数据有效衔接,调查在全国调查办下发的数据基础上,建立完善数据共享机制,充分利用三经普资料,以及统计、教育、科技、经信、环保、交通、渔业、旅游、水务等部门的基础数据,开展资料收集整合。

第七节　调查主要步骤及流程

本次调查分为前期准备、涉海单位清查、数据采集处理、总结发布、应用开发五个阶段。

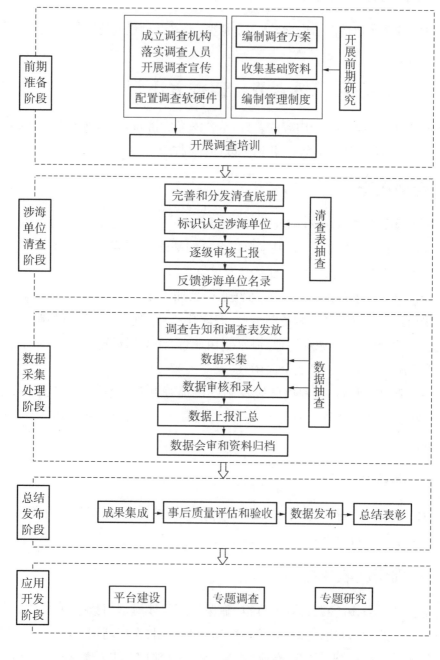

图 1-1　上海市第一次全国海洋经济调查主要步骤和流程

一、前期准备阶段

前期准备阶段工作包括编制调查方案、开展前期研究、收集基础资料、成立调查机构、落实调查人员、编制管理制度、配置调查软硬件、开展调查培训和调查宣传等。

（一）编制调查方案

市级调查机构负责组织编制市级海洋经济调查总体方案和实施方案。市级海洋经济调查总体方案经征求市海洋经济调查工作推进小组成员单位意见,市海洋经济调查工作推进小组办公室主任办公会议审议后,报市政府印发。市级海洋经济调查实施方案经征求市海洋经济调查工作推进小组成员单位意见后,报市海洋经济调查工作推进小组办公室主任办公会议审议,并报全国调查办备案。区级调查机构负责组织编制本区的海洋经济调查实施方案或计划,报同级调查领导机构审议,并报市级调查机构备案。

（二）开展前期研究

市级调查机构按照国家部署和上海市调查需求,开展前期研究工作,包括涉海单位清查方法、主要海洋产品分类目录、海洋新兴产业和新型业态调查方法等方面的研究和细化完善。

（三）成立调查机构,落实调查人员,开展调查宣传

参照第一次全国海洋经济调查领导小组和办公室的组织模式,依托市海洋经济发展联席会议平台,由市海洋局、市发展和改革委员会、市财政局、市统计局会同有关部门组建市海洋经济调查工作推进小组和办公室。各区人民政府参照市海洋经济调查工作推进小组和办公室的组织模式,成立区级海洋经济调查机构。

各级调查机构应选聘业务能力强的干部和工作人员,全面负责本辖区内的海洋经济调查工作。根据调查对象类型、特点及数量等情况,选聘一定数量的调查指导员和调查员,从事海洋经济调查工作。

各级调查机构要做好调查宣传工作,营造良好的舆论氛围。

（四）收集基础资料

各级调查机构根据调查需要,收集教育、科技、经信、环保、交通、渔业、旅游、水务等资料,及相关统计年鉴,收集已完成海域使用审批的海洋工程及围填海项目、涉海上市公司、海洋防灾减灾等相关资料,并进行分析整理,与全国调查办下发的涉海单位清查底册结合使用。

（五）编制管理制度

市级调查机构应根据全国调查办制定的调查管理、质量控制、数据资料、保密、档

案、经费管理、成果验收、数据发布等管理制度和调查标准,结合实际情况,进一步细化和完善相关管理制度,确保调查工作的顺利进行。区级调查机构可结合本区实际情况,对上级调查管理制度做进一步细化。

（六）配置调查软硬件

各级调查机构根据调查要求,配置调查所需设备。调查期间统一使用全国调查办研发的涉海单位清查系统、调查数据采集处理系统。

（七）开展调查培训

调查培训由全国调查办和本市各级调查机构分别组织实施。市级调查机构组织本市各级调查机构的主要人员和师资参加全国调查办组织的调查培训,组织培训市区级调查指导员、调查员。区级调查机构主要负责补充培训本级海洋经济调查员。

二、涉海单位清查阶段

涉海单位清查阶段包括完善和分发单位底册、标识认定涉海单位、清查表抽查、逐级审核上报、反馈涉海单位名录等。

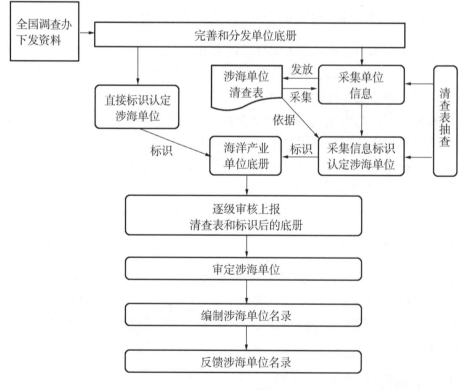

图 1 - 2　涉海单位清查流程

（一）完善和分发清查底册

市级调查机构按照地区和产业对全国调查办下发的上海市涉海单位清查底册（样式见表1-1）进行分类,并将各区涉海单位清查底册分发到区级调查机构。其中,海洋产业单位底册用于开展涉海单位清查,底册中的单位须标识认定,以编制涉海单位名录;海洋相关产业单位底册用于海洋相关产业抽样调查,底册中的单位不标识认定,不列入涉海单位名录。

市级调查机构负责全市涉海单位清查的组织实施、统筹协调工作,区级调查机构负责组织实施本区涉海单位清查任务。

按照有关规定和要求,各级调查机构须正确分发、使用和管理涉海单位底册,充分利用本地区已有的基础资料,进一步补充完善底册。区级调查机构将补充完善后的底册汇总、上报市级调查机构,并由市级调查机构汇总全市资料后上报全国调查办,待全国调查办与相关部门核实后,最终确认底册。

表1-1 涉海单位底册样式

顺序号	海洋及相关产业分类	组织机构代码	单位详细名称	行业类别		单位所在地及区划代码		联系方式	清查情况		是否为涉海单位	认定依据
				主要业务活动（或主要产品）	行业代码	单位所在地	单位所在地行政区划代码		类型	说明		

说明:1. 底册类别:包括海洋产业单位底册和海洋相关产业单位底册。

2. 海洋及相关产业分类包括海洋产业和海洋相关产业,海洋产业包括海洋产业分类:海洋渔业、海洋水产品加工业、海洋油气业、海洋矿业、海洋盐业、海洋船舶工业、海洋工程装备制造业、海洋化工业、海洋药物和生物制品业、海洋工程建筑业、海洋可再生能源利用业、海水利用业、海洋交通运输业、海洋旅游业、海洋科研教育管理服务业。

3. 组织机构代码:指根据《全国组织机构代码编制规则》(GB 11714-1997),由组织机构代码登记主管部门给每个企业、事业单位、机关、社会团体和民办非企业等单位颁发的在全国范围内唯一的、始终不变的法定代码。组织机构代码共9位,无论是法人单位还是产业活动单位,组织机构代码均由8位无属性的数字和1位校验码组成。

4. 单位详细名称:指经有关部门批准正式使用的单位全称。

5. 行业类别:指根据其从事的社会经济活动性质对各类单位进行的分类。

6. 单位所在地及区划代码:指单位实际所处的详细地址、区划代码。

7. 清查情况:对清查中发现的单位名称、联系方式的变化以及停业（歇业）、关闭、破产等营业状态进行说明。类型:1—单位名称变更,2—联系方式变更,3—停业（歇业）,4—关闭,5—破产,6—其他;说明:填写变更后的单位名称、联系方式等信息。

8. 是否为涉海单位:在标识认定过程时填写。1—是,2—否。

9. 认定依据:在标识认定过程时填写。填写认定该单位从事海洋经济活动的依据,即填入"直接认定"或清查表中类别、名称等指标内容。

（二）标识认定涉海单位

各级调查机构对海洋产业单位底册中的所有单位进行逐一认定,并在底册中填写"是否为涉海单位"和"认定依据"。根据对行业代码的分类(见表 1 - 2 和表 1 - 3),采取直接标识认定和采集信息后标识认定两种方式。

1. 可直接标识认定的单位

各级调查机构按照分工,根据海洋产业单位底册中"行业代码"和"单位所在地",直接对底册中的单位进行标识。

底册中单位的"行业代码"属于表 1 - 2 所列"小类码",同时"单位所在地"属于表 1 - 2 所列"区域范围",则认定此单位为涉海单位,并在海洋产业单位底册中"是否为涉海单位"处填入"1",在"认定依据"处填入"直接认定"。

表 1 - 2　直接标识认定单位的行业和区域范围

海洋产业	对应国民经济行业分类		区域范围
大类	小类码	名称	
海洋渔业	0411	海水养殖	全市
	0421	海水捕捞	全市
海洋矿业	0810	铁矿采选	沿海乡、镇、街道
	0911	铜矿采选	沿海乡、镇、街道
	0912	铅锌矿采选	沿海乡、镇、街道
	0914	锡矿采选	沿海乡、镇、街道
	0917	镁矿采选	沿海乡、镇、街道
	0919	其他常用有色金属矿采选	沿海乡、镇、街道
	0921	金矿采选	沿海乡、镇、街道
	0922	银矿采选	沿海乡、镇、街道
	0929	其他贵金属矿采选	沿海乡、镇、街道
	1011	石灰石、石膏开采	沿海乡、镇、街道
	1012	建筑装饰用石开采	沿海乡、镇、街道
	1013	耐火土石开采	沿海乡、镇、街道
	1019	粘土及其他土砂石开采	沿海乡、镇、街道
	1093	宝石、玉石采选	沿海乡、镇、街道
	1099	其他未列明非金属矿采选	沿海乡、镇、街道

（续表）

海洋产业	对应国民经济行业分类		区域范围
大类	小类码	名称	
海洋船舶工业	3731	金属船舶制造	全市
	3732	非金属船舶制造	全市
	3733	娱乐船和运动船制造	全市
	3735	船舶改装与拆除	全市
	3739	航标器材及其他相关装置制造	全市
	4342	船舶修理	全市
海洋工程装备制造业	3514	海洋工程专用设备制造	全市
海洋工程建筑业	4830	海洋工程建筑	全市
海洋可再生能源利用业	4414	风力发电	沿海区
海洋交通运输业	5511	海洋旅客运输	全市
	5521	远洋货物运输	全市
	5522	沿海货物运输	全市
	5531	客运港口	全市
	5532	货运港口	全市
	5539	其他水上运输辅助活动	全市
海洋旅游业	6110	旅游饭店	全市
	6120	一般旅馆	全市
	6190	其他住宿业	全市
	7271	旅行社服务	全市
	7272	旅游管理服务	全市
	7851	公园管理	全市
	7852	游览景区管理	全市
	8740	文物及非物质文化遗产保护	全市
	8750	博物馆	全市
	8760	烈士陵园、纪念馆	全市
海洋科研教育管理服务业	7430	海洋服务	全市

2. 采集信息后标识认定的单位

对于表 1-3 所列"小类码"对应的区域范围内的单位,需要组织调查员采集单位信息,并根据填报的单位信息在底册中进行标识认定。

表 1-3 需要采集信息的单位的行业范围和区域范围

海洋产业分类	对应国民经济行业分类		区域范围
大类	小类码	名称	
海洋渔业	0540	渔业服务业	全市
海洋水产品加工业	1361	水产品冷冻加工	全市
	1362	鱼糜制品及水产品干腌制加工	全市
	1363	水产饲料制造	全市
	1369	其他水产品加工	全市
	1452	水产品罐头制造	全市
海洋油气业	0710	石油开采	全市
	0720	天然气开采	全市
	1120	石油和天然气开采辅助活动	全市
海洋盐业	1030	采盐	全市
	1494	盐加工	全市
海洋工程装备制造业	2922	塑料板、管、型材的制造	全市
	3140	钢压延加工	全市
	3332	金属压力容器制造	全市
	3415	风能原动设备制造	全市
	3419	其他原动设备制造	全市
	3441	泵及真空设备制造	全市
	3443	阀门和旋塞的制造	全市
	3444	液压和气压动力机械及元件制造	全市
	3463	气体、液体分离及纯净设备制造	全市
	3490	其他通用设备制造	全市
	3511	矿山机械制造	全市
	3592	地质勘查专用设备制造	全市
	4011	工业自动控制系统装置制造	全市
	4019	供应用仪表及其他通用仪器制造	全市
海洋化工业	2611	无机酸制造	全市
	2612	无机碱制造	全市
	2613	无机盐制造	全市
	2614	有机化学原料制造	全市
	2619	其他基础化学原料制造	全市

（续表）

海洋产业分类	对应国民经济行业分类		区域范围
大类	小类码	名称	
海洋药物和生物制品业	1364	鱼油提取及制品制造	全市
	1491	营养食品制造	全市
	1492	保健食品制造	全市
	2632	生物化学农药及微生物农药制造	全市
	2710	化学药品原料药制造	全市
	2720	化学药品制剂制造	全市
	2730	中药饮片加工	全市
	2740	中成药制造	全市
	2750	兽用药品制造	全市
	2760	生物药品制造	全市
海洋工程建筑业	4819	其他道路、隧道和桥梁工程建筑	全市
	4852	管道工程建筑	全市
	5021	建筑物拆除活动	全市
海水利用业	0512	灌溉服务	全市
	4411	火力发电	全市
	4413	核力发电	全市
	4690	其他水的处理、利用与分配	全市
	7722	大气污染治理	全市
海洋交通运输业	5442	公路管理与养护	全市
	5700	管道运输业	全市
	5810	装卸搬运	全市
	5821	货物运输代理	全市
	5822	旅客票务代理	全市
	5829	其他运输代理业	全市
	5990	其他仓储业	全市
	7020	物业管理	全市
海洋旅游业	8990	其他娱乐业	全市
	8920	游乐园	全市
	8830	休闲健身活动	全市
	7712	野生动物保护	全市
	7713	野生植物保护	全市

（续表）

| 海洋产业分类 | 对应国民经济行业分类 | | 区域范围 |
大类	小类码	名称	
海洋科学研究	7310	自然科学研究和试验发展	全市
	7320	工程和技术研究和试验发展	全市
	7330	农业科学研究和试验发展	全市
	7340	医学研究和试验发展	全市
	7350	社会人文科学研究	全市
海洋教育	8232	职业初中教育	全市
	8236	中等职业学校教育	全市
	8241	普通高等教育	全市
	8242	成人高等教育	全市
	8291	职业技能培训	全市
海洋管理	6920	控股公司服务	全市
	7211	企业总部管理	全市
	7483	规划管理	全市
	9123	公共安全管理机构	全市
	9125	经济事务管理机构	全市
	9126	行政监督检查机构	全市
海洋技术服务业	7440	测绘服务	全市
	7450	质检技术服务	全市
	7481	工程管理服务	全市
	7482	工程勘察设计	全市
	7511	农业技术推广服务	全市
	7512	生物技术推广服务	全市
	7513	新材料技术推广服务	全市
	7514	节能技术推广服务	全市
	7519	其他技术推广服务	全市
	7520	科技中介服务	全市
海洋信息服务业	6312	移动电信服务	全市
	6319	其他电信服务	全市
	6330	卫星传输服务	全市
	6420	互联网信息服务	全市
	6510	软件开发	全市

（续表）

海洋产业分类	对应国民经济行业分类		区域范围
大类	小类码	名称	
海洋信息服务业	6520	信息系统集成服务	全市
	6530	信息技术咨询服务	全市
	6540	数据处理和存储服务	全市
	6550	集成电路设计	全市
	6591	数字内容服务	全市
	6599	其他未列明信息技术服务业	全市
	8521	图书出版	全市
	8522	报纸出版	全市
	8523	期刊出版	全市
	8524	音像制品出版	全市
	8525	电子出版物出版	全市
	8529	其他出版业	全市
	8731	图书馆	全市
	8732	档案馆	全市
涉海金融服务业	6620	货币银行服务	全市
	6631	金融租赁服务	全市
	6632	财务公司	全市
	6639	其他非货币银行服务	全市
	6712	证券经纪交易服务	全市
	6740	资本投资服务	全市
	6812	健康和意外保险	全市
	6820	财产保险	全市
	6830	再保险	全市
	6850	保险经纪与代理服务	全市
	6891	风险和损失评估	全市
	6899	其他未列明保险活动	全市
	6910	金融信托与管理服务	全市
	6990	其他未列明金融业	全市

（续表）

海洋产业分类	对应国民经济行业分类		区域范围
大类	小类码	名称	
海洋地质勘查业	7471	能源矿产地质勘查	全市
	7472	固体矿产地质勘查	全市
	7473	水、二氧化碳等矿产地质勘查	全市
	7474	基础地质勘查	全市
	7475	地质勘查技术服务	全市
海洋环境监测预报服务	7461	环境保护监测	全市
	7462	生态监测	全市
海洋生态环境保护	7711	自然保护区管理	全市
	7719	其他自然保护	全市
	7721	水污染治理	全市
	7724	危险废物治理	全市
海洋社会团体	9421	专业性团体	全市
	9422	行业性团体	全市
	9600	国际组织	全市

（1）采集单位信息

首先,各级调查机构按照分工,根据"行业代码"和"单位所在地",从海洋产业单位底册中提取与表1-3所列"小类码"和"区域范围"一致的单位。

其次,各级调查机构按照分工组织调查员采取入户走访、集中座谈等方式,对提取的单位开展清查,填写涉海单位清查表。

（2）标识认定涉海单位

各级调查机构按照分工,根据填报的涉海单位清查表,组织人员对海洋产业单位底册中的单位进行标识认定。

凡是涉海单位清查表中第3—8项中任一项填写为"是"的单位,就认定为涉海单位,并在底册中"是否为涉海单位"处填入"1",在"认定依据"处填写清查表中的类别或名称内容。

（三）清查表抽查

市级调查机构对区级调查机构的涉海单位清查工作进行抽查,重点检查清查表填报的完整性、标识认定的准确性等。

（四）逐级审核上报

各级调查机构组织对本级标识认定后的海洋产业单位底册进行审核；市级调查机构对区级调查机构上报的标识认定后的底册进行检查，保证涉海单位不重不漏。在审核后，将本级和下级标识认定的海洋产业单位底册汇总，并逐级上报全国调查办审定。

（五）反馈涉海单位名录

全国调查办对各地区涉海单位标识认定结果进行检查审定。市级调查机构根据全国调查办反馈的涉海单位名录（详见表1-4），按照行政区划反馈给区级调查机构。

表1-4　涉海单位名录样式

顺序号	海洋及相关产业分类	组织机构代码	单位详细名称	行业代码	认定依据	单位所在地及区划代码		联系方式
						单位所在地	单位所在地行政区划代码	

三、数据采集处理阶段

数据采集处理阶段包括调查告知和调查表发放、数据采集、数据审核和录入、数据抽查、数据上报汇总、数据会审和资料归档等工作。

（一）调查告知书和调查表发放

各级调查机构按照涉海单位名录、海洋相关产业单位底册、专题调查填报单位名录，按照责任分工组织向填报单位发放由全国调查办统一制作的第一次全国海洋经济调查告知书和相应的调查表，指导和督促其做好相关资料准备工作。

（二）数据采集

各级调查机构组织调查员主要采取入户调查的方式采集调查数据。调查员负责指导填报单位相关人员填写调查表，检查调查表填写是否完整、有效、规范，并回收调查表。

市级调查机构指导和督促下级调查机构采集海洋经济调查数据。区级调查机构承担本区海洋经济调查数据的采集工作。

（三）数据审核和录入

调查指导员组织调查员按照审核要求对回收的调查表进行互审。互审中发现的差错和问题，由调查指导员与原调查员核对，并联系填报单位核实修改。

各级调查机构组织人员在全国统一的数据采集处理系统中录入调查表数据,使用计算机进行审核和人工复审,发现数据录入错误及时更正,对于漏填、错填等问题要由原调查员联系填报单位核实修改。

(四) 数据抽查

市级调查机构有重点地选择部分地区,分产业、分专题抽取一定比例的调查表,对区级调查机构的调查数据质量进行检查,并将发现的数据采集、录入等方面问题反馈给区级调查机构,由区级调查机构进行解决。

(五) 数据上报汇总

区级调查机构将审核后的调查数据报送市级调查机构。市级调查机构组织人员汇总全市调查数据并分地区、分产业、分专题分析处理数据,然后上报全国调查办。

(六) 数据会审和资料归档

市级调查机构配合全国调查办对上海市海洋经济调查汇总数据进行会审,发现问题查找原因,必要时采取逐级退回的方式,由区级调查机构联系填报单位核实修改。

有关调查资料必须按照档案管理制度完成归档。

四、总结发布阶段

总结发布阶段包括成果集成、事后质量评估和验收、数据发布、总结表彰等。

(一) 成果集成

各级调查机构要按照调查成果编制要求,整理汇编相关调查资料,制作数据集、图集,编写各类报告等。

(二) 事后质量评估和验收

各级调查机构配合全国调查办组织开展的事后质量评估工作。通过对单位填报率、调查表填报率、指标填报情况等进行质量抽查,并结合历史海洋统计数据、有关部门统计资料,对主要指标和分行业、分地区数据进行比较分析,评估调查数据质量。

市级调查机构对区级调查机构的调查成果进行验收,并配合全国调查办对本市海洋经济调查成果进行验收。

(三) 数据发布

按照有关规定,市级调查机构应及时向社会发布调查主要数据;利用海洋经济运行监测与评估系统等平台展示相关调查成果,为社会公众提供查询和浏览服务。

(四) 总结表彰

市级调查机构负责组织本市海洋经济调查工作总结,对本次调查过程中表现突出的集体和个人给予表彰。

五、应用开发阶段

在本次海洋经济调查主体任务完成后,为加强调查成果应用开发,市级调查机构开展海洋经济调查成果应用平台建设、海洋经济调查成果专题研究和上海自增专题调查,鼓励区级调查机构开展调查成果应用开发。

第八节　调查用标准

本次调查采用统一的统计分类标准和目录,本市各级调查机构必须严格执行,不得自行更改。主要标准如下:

一、现有的标准

- 《国民经济行业分类》(GB/T 4754—2011)
- 《中华人民共和国行政区划代码》(GB/T 2260)
- 《海洋高技术产业分类》(HY/T 130—2010)
- 《海洋高技术产品分类》(HY/T 162—2013)
- 《海洋经济运行监测和评估标准体系》(HY/T 161—2013)
- 《海洋经济指标体系》(HY/T 160—2013)
- 《海洋学术语海洋资源学》(GB/T 19834)
- 《海洋能源术语》(HY/T 045)
- 民用船舶产品目录及代码
- 修造船基础设施目录及代码
- 《旅游区(点)质量等级的划分与评定》(GB/T 17775)
- 《学科分类与代码》(GB/T 13745)
- 《海关统计商品目录(2015 年版)》
- 《海洋监测规范　第 1 部分:总则》(GB 17378.1—2007)
- 《海洋监测规范　第 2 部分:数据处理与分析质量控制》(GB 17378.2—2007)
- 《海洋监测规范　第 3 部分:样品采集、贮存与运输》(GB 17378.3—2007)
- 《海洋监测规范　第 4 部分:海水分析》(GB 17378.4—2007)

- 《全国海岛名称与代码》(HY/T 119—2008)
- 《海域使用管理标准体系》(HY/T 121—2008)
- 《海籍调查规范》(HY/T 124—2009)
- 《海域使用分类》(HY/T 123—2009)
- 《建设工程分类标准》(GB/T 50841—2013)
- 《建设工程咨询分类标准》(GB/T 50852—2013)
- 《工程设计资质标准》
- 《施工总承包企业资质等级标准》
- 《专业承包企业等级标准》
- 《工程勘察资质分级标准》
- 《海域使用论证资质分级标准》
- 《海洋工程勘察资质分级标准》

二、全国调查办制定的标准

全国调查办制定的标准规范,包括《海洋及相关产业分类(调查用)》《全国海洋经济调查区域分类》《主要海洋产品目录(调查用)》,以及涉海单位清查、产业调查、专题调查、数据处理、质量控制、档案整理等方面的技术规范等。

三、市调查办制定的技术要求

市调查办根据全国及上海的调查方案、现有标准及全国调查办制定的标准,结合上海的实际需求,制定的有关调查员管理、涉海单位清查、产业调查、专题调查、数据处理、质量控制、档案整理等方面的技术要求。

第九节　主要调查成果

调查成果主要包括6类,分别是数据类、名录类、图件类、报告类、方案类、数据库和系统类,具体见表1-5。

表1-5　调查成果类型和名称

主要成果类型和名称		市级	区级
数据类	海洋经济调查主要数据	√	√
	海洋经济调查基础数据集	√	√
名录类	涉海单位名录	√	√
	主要海洋产品分类名录	√	

（续表）

	主要成果类型和名称	市级	区级
图件类	海洋经济调查专题调查图集	√	
	海洋经济地图	√	
报告类	海洋经济调查工作报告	√	√
	海洋经济调查技术报告	√	√
	海洋经济调查专题研究报告	√	
方案类	海洋经济调查总体方案	√	
	海洋经济调查实施方案或计划	√	√
数据库和系统类	海洋经济调查数据库	√	
	海洋经济调查地理信息系统	√	
	海洋经济调查成果展示系统	√	
	海洋经济调查成果外网发布系统	√	

第十节　组织保障

一、组织实施原则

按照国务院批示精神,第一次全国海洋经济调查按照"全国统一领导、部门分工协作、地方分级负责、信息资源共享"的原则组织实施,上海市相应组建市、区两级海洋经济调查机构。

2014年11月,上海市政府同意由市海洋局、市发展改革委、市财政局、市统计局会同有关部门组建上海市第一次全国海洋经济调查工作推进小组,负责统一领导、组织部署海洋经济调查工作;同时相应建立推进小组工作机制,明确各成员单位对口联系处室和联络员。

上海市各级调查机构应协调相关部门,相互密切配合,为海洋经济调查提供经费、基础资料、统计分析等保障工作。

二、责任分工

（一）市海洋经济调查工作推进小组成员单位

市海洋经济调查工作推进小组成员单位分工如下:

市海洋局:承担市海洋经济调查工作推进小组日常工作,具体负责本市海洋经济调查工作的组织实施、业务指导和督促检查。

市发展和改革委员会(市发展改革委):负责协调市海洋经济发展联席会议成员单位共同推进海洋经济调查工作,协调海洋可再生能源利用相关企业参与海洋经济调查。

市财政局:负责落实海洋经济调查市级经费,参与编制调查经费管理制度,监督调查经费的规范使用。

市统计局:负责海洋经济调查技术指导,指导编制海洋经济调查方案,提供支持海洋经济调查的统计基础资料,查处海洋经济调查违法行为。

市经济和信息化委员会:负责协调船舶、海洋工程装备、海洋油气、海水利用等海洋制造、海洋战略性新兴产业的相关企业及临海开发区参与海洋经济调查,提供海洋产业总体统计资料。

市教育委员会:负责协调涉海院校参与海洋经济调查,提供教育系统总体统计资料。

市科学技术委员会:负责协调海洋科研机构、海洋药物和生物制品制造企业及高新技术企业参与海洋经济调查,提供科研系统和高新技术产业总体统计资料。

市民政局:负责提供社会组织注册资料,协助补充完善涉海法人单位清查底册。

市住房和城乡建设管理委员会:负责协调海洋工程建筑业相关企业和海洋工程项目、围填海规模等专题调查对象参与海洋经济调查。

市农委:负责协调海洋渔业、海洋水产品加工业等相关企业参与海洋经济调查,提供海洋渔业总体统计资料。

(原)市环境保护局:负责协助开展海洋节能减排等专题调查。

市规划和国土资源管理局:负责协助开展围填海规模等专题调查。

市工商局:负责协助补充完善涉海法人单位清查底册,协调相关涉海单位参与海洋经济调查。

(原)市旅游局:负责协调海洋旅游业相关企业参与海洋经济调查,提供海洋旅游业总体统计资料。

市交通委员会:负责协调海洋交通运输业相关企业参与海洋经济调查,提供海洋交通运输业总体统计资料。

上海海关:负责协助补充涉海单位产品出口情况,协调海关特殊监管区域参与海洋经济调查。

上海海事局:负责协调海洋交通运输业相关企业参与海洋经济调查,提供海洋交通运输业总体统计资料。

(二) 市海洋经济调查工作推进小组办公室

市海洋经济调查工作推进小组下设办公室,由市海洋局、市发展改革委、市财政局、市统计局等共同组成,办公室设在市海洋局,承担海洋经济调查工作推进小组的日常工

作,具体负责海洋经济调查工作的组织实施、业务指导和督促检查,具体职责如下:

（1）成立调查机构,落实工作人员,督促指导各区人民政府建立调查机构。

（2）制定市级调查方案,负责全市调查的统一组织实施,指导、检查、协调区级调查机构工作。

（3）编制调查经费预算,落实市级调查经费,负责调查物资、设备的准备工作。

（4）负责市级调查指导员和调查员的选聘工作,落实调查人员。

（5）负责市级调查培训工作,组织人员参加全国调查培训,指导区级调查培训工作。

（6）负责市级调查宣传工作,指导区级调查宣传工作。

（7）负责全市调查基础资料及图件的收集、处理,涉海单位清查底册和专题调查填报单位名录的补充完善和分发。

（8）负责指导区级调查机构开展调查工作,对全市调查数据、成果进行审核、汇总和集成,对全市调查工作进行质量控制。

（9）负责编制全市海洋经济调查成果报告,建立本市海洋经济调查成果应用平台,并向社会发布本市海洋经济调查成果。

（10）负责全市调查成果的整理、保管、上报及应用开发工作。

（11）负责组织全市调查总结和评比表彰工作。

（三）区级海洋经济调查机构

各区人民政府参照市海洋经济调查工作推进小组和办公室的组织模式,成立海洋经济调查机构,组织开展本地区海洋经济调查工作,主要职责如下:

（1）成立调查机构,落实工作人员。

（2）制定辖区调查实施方案或实施计划,组织实施调查工作。

（3）编制调查经费预算,落实本级调查经费,负责调查物资、设备的准备工作。

（4）负责区级调查指导员和调查员的选聘工作,落实调查人员。

（5）开展调查宣传,组织人员参加上级组织的培训,负责基层调查人员的培训工作。

（6）负责辖区内涉海单位清查、产业调查和专题调查,具体负责辖区内调查资料的采集、审核、录入、上报、汇总、整理、保管等各项工作;对辖区内调查工作进行质量控制。

第二章　海洋经济调查的组织实施

第一节　前期准备

一、机构组建和动员部署

按照"全国统一领导、部门分工协作、地方分级负责、信息资源共享"的原则,上海市政府高度重视海洋经济调查工作,参照经济普查工作模式,明确了"1+16"的市、区分级负责的调查工作机制,组建了市、区两级调查机构。

在国家印发调查总体方案后,市政府就要求市海洋经济发展联席会议办公室(市海洋局)牵头组织调查工作。2014 年 11 月,市政府批准成立了上海市第一次全国海洋经济调查工作推进小组,由市政府分管副秘书长担任组长,22 个相关部门为成员,负责统一领导、组织部署全市海洋经济调查工作。调查推进小组由市海洋局、市发展改革委、市财政局、市统计局组成,在市海洋局设办公室,海洋局分管领导担任调查办主任,具体负责调查工作的组织实施、业务指导和督促检查。调查办下设调查工作组,由六名专职工作人员组成,具体负责调查办的日常事务,2016 年 6 月开始在水务大厦 13 楼集中办公。

市政府分管副秘书长高度重视,多次召开会议专题研究,协调推进,确立工作机制、明确推进小组成员单位职责、审议调查总体方案。2017 年 4 月,市政府召开上海市海洋经济调查工作会议,正式部署全市调查工作。市海洋局把海洋经济调查项目列为 2017、2018 年度局一号工程,加以重点推进。

二、方案制度编制

2016 年 10 月,市政府批准同意《第一次全国海洋经济调查上海市总体方案》。2017 年 3 月,在征求上级调查办、市发展改革委、市财政局、市统计局等相关部门意见的基础上,市调查办制定印发了《第一次全国海洋经济调查上海市实施方案》,并报备全国调查办。两个方案在细化国家方案要求的基础上,进一步细化明确了上海调查工作的具体要求,着重强调了调查组织保障、质量控制、成果应用等内容,新增了全覆盖质量控制、开展深海技术研发专题调查等工作内容。区级层面,全市 16 个区均编制印发了区级调查实施方案,并报市调查办备案。

为加强管理,落实责任,市调查办编制了《上海市第一次全国海洋经济调查管理办法》《上海市第一次全国海洋经济调查工作推进小组办公室工作规则》《上海市第一次全国海洋经济调查宣传管理办法》《上海市第一次全国海洋经济调查调查人员管理办法》《上海市第一次全国海洋经济调查信息系统和数据安全管理办法》《上海市第一次全国海洋经济调查工作验收办法》6 个管理制度并印发各区,规范调查工作实施。

三、设备配置及安全保密

市、区两级调查机构从设备、数据、人员等方面入手加强安全管理,通过人防、技防手段确保调查数据的保密和安全。

在设备配置方面:市调查办配置 12 台电脑(6 台为数据处理专用电脑),各区级调查机构至少配备 1—2 台专用电脑。专用电脑按要求不连接互联网或其他公共网络、不随意外接存储设备。

在安全保密方面:除了设备专用外,市、区两级还配备了资料专用柜,做好日常防火、防潮、防蛀、防盗等各项防护措施。市、区两级调查机构之间、调查机构与本级技术单位间均签署了保密协议,共 33 份;调查机构与参与调查工作的管理人员、技术人员、调查人员等签订保密承诺书,共约 1353 份。将安全保密教育纳入业务培训中,提高调查工作人员的安全意识,有效保障了调查报表、资料和数据的保密和安全。

四、人员选聘和培训管理

2016 年 10 月,上海市、区两级约 30 人次分两批参加了国家级海洋经济调查培训,为本市调查工作准备了骨干力量和师资队伍。

为做好市级培训,市调查办在全国培训讲义的基础上结合上海实际,编制了具有针对性的地方培训材料 9 份。从 2017 年 5 月至 2018 年 11 月,在调查推进过程中,结合涉海单位清查、数据采集、档案整理等不同阶段工作内容,市调查办分阶段组织开展了 18 批约 1750 人次的培训,覆盖了市、区两级调查机构管理人员、技术人员、调查人员、录入审核人员、档案管理人员等所有相关工作人员。市调查办向考核合格且被聘的调查人员 1093 人(其中调查指导员 185 人,调查员 908 人)发放了调查指导员证和调查员证,调查人员大部分是有调查工作经验、对街镇和企业情况熟悉的同志,并分别在市、区两级调查机构登记备案。各区调查办结合本区实际,开展了补充培训。

市、区两级调查机构加强调查人员日常管理,为调查人员购买人身安全保险,保障调查人员权益。

五、宣传报道

调查工作启动伊始,市调查办就把调查宣传工作放在重要位置。配合调查各阶段,开展了主题鲜明、形式多样的宣传活动。设计制作了调查宣传片(15 秒公益宣传片和90 秒解读宣传片),在上海电视台新闻综合频道、各区电视台、公交车厢媒体显示屏、社区和公共区域电子宣传屏等渠道进行展播;在《新民晚报》、区级报纸、腾讯网等公众媒体和市海洋局政务外网等发布调查公告和宣传材料,向社会公布市、区两级调查机构的咨询电话;制作了 10 000 余份宣传海报,在各级政务服务中心、社区、商务楼宇等重点场所张贴;开通了海洋经济调查微信公众号,发布调查文件、报表解读、宣传片、工作动态、调查机构联系方式等各类信息 1000 余条;抓住"6·8 世界海洋日暨全国海洋宣传日"等有利时机开展专题宣传。在入户调查过程中,调查员着工作服、佩戴工作证、持调查告知书和宣传纪念品,依照统一规范上门调查,树立海洋经济调查良好形象;针对部分调查对象求证调查工作的需求,协调 12345 市民服务热线给予积极回应,获取社会、企业和公众对海洋经济调查的理解、支持和配合。

第二节　调查推进主要步骤

上海严格遵循全国调查方案、管理制度、技术规范要求的方法、流程,主要分涉海单位清查和数据采集两个阶段规范推进清查标识认定、海洋及相关产业调查、海洋专题调查工作。

一、底册和名录核实

为保证清查底册、调查名录不重不漏,调查数据准确可靠,在涉海单位清查、数据采集两个阶段调查入户工作开始前,将涉海单位清查底册、涉海单位名录、专题调查名录与统计、工商、税务、民政、编办、水务、环保、气象等部门及街镇掌握的十余万条数据进行比对、核实和共享,按照要求增加了遗漏的单位,去除已关闭、停产、合并、歇业、注销等各类无法填报单位,更新地址、电话等信息有变更的单位。市调查办汇总审核后报东海区调查办、全国调查办审核。最终确定清查底册单位新增 1330 家,核减 468 家,信息变更 1321 家;涉海单位名录新增单位 28 家,核减 264 家,信息变更 15 家;新增防灾减灾专题调查对象 11 家;共享节能减排专题调查对象基础数据 43 组。另外,对海洋工程围填海名录、临海开发区名录相关信息进行了更新调整。

同时,针对清查底册中存在部分明显非涉海单位,为提高涉海单位清查工作效率和入户采集信息的严肃性,上海进行了底册初筛。经科学研究、反复论证,按照调查方案和标准规范的技术原则,经全国调查办审定,2017 年 8 月市调查办印发了《上海市涉海单位清查初筛方案》,确立了"排除确定,保留疑似,必要说明,审核认定,事后抽查"的工作原则,为有需要的区开展初筛提供技术依据。主要操作办法是由区调查办组织技术人员对清查底册进行人工筛选,根据其主营业务筛出网吧、KTV、美容院等明显非涉海单位,提交专家评审会进行逐一评审,经评审专家一致认定为非涉海单位的才能删除。全市共有浦东、黄浦、静安、徐汇、杨浦、宝山、闵行、嘉定、奉贤 9 个区进行了初筛,评审出非涉海单位 19 325 家,并逐级报东海区调查办、全国调查办审核认定。评审认定的非涉海单位由东海区调查办按不低于 5% 的比例抽查入户核实,共抽查 1520 家。经入户核实,抽查样本中无涉海单位。

二、涉海单位清查

全国调查办审定下发的上海市清查底册中共有涉海单位 63 514 家,其中直接标识认定单位 5752 家,非直接标识认定单位数 57 762 家。2017 年 10 月上海市完成涉海单位清查阶段工作,完成清查单位 57 260 家,其中初筛认定非涉海单位 19 325 家,上门采集信息单位 22 508 家,无法填报单位 15 427 家,完成率 99.1%;认定涉海单位 1742 家。经全国调查办审定后形成《上海市涉海单位名录》,涉海单位 7494 家(直接标识认定和采集信息后标识认定分别占比 76.8% 和 23.2%)。

三、海洋及相关产业调查

以涉海单位名录为基础,除不需开展调查的部分单位(如海洋技术服务业中的事业单位)及经名录核减关闭、停产、歇业、注销等无法填报单位,全市海洋产业调查应填报单位 7222 家,填报报表单位 4712 家,无法填报单位 2263 家,完成率 96.6%。应填报报表 19 861 份,已填报报表 5204 份,无法填报报表 14 021 份(大部分为系统自动分配但调查对象不需填报的企业研发活动、涉海上市企业情况等调查表)。

根据海洋相关产业抽样调查的要求,全市应开展抽样调查的 6 个海洋相关产业抽样样本单位 1153 家,已完成单位 1398 家,完成率 121.2%。

四、海洋专题调查

除涉海企业投融资情况、海洋科技创新情况两个专题外,全市需单独调查 6 个专题,调查对象 193 个,应填报表 199 份,已填报表 199 份,完成率 100%。其中,海洋工程及围填海规模专题调查应调查市管项目 30 个,海洋防灾减灾专题调查应调查对象 78 家,海洋节能减排专题调查应调查入海河流 2 条、入海排污口 41 个,临海开发区专题调查应调查国家级及市级开发区 23 个,海岛海洋经济专题调查应调查 1 个海岛县 18 个海岛乡(镇),所有专题调查对象全部填报。

第三节　调查主要做法

一、加强上下交流互动

在整个调查过程中,全国调查办、东海区调查办始终给予上海悉心指导和大力支持。2017年6月和2018年5月,全国调查办领导两次赴上海督查指导,有力推进了上海的调查工作。全国调查办、东海区调查办专家多次赴上海调查一线开展调研,现场指导调查准备、底册核实、入户填报、系统录入审核、报表质控等工作,充分肯定了清查底册初筛、企业信息网络核实、质量控制等工作创新点和亮点。在调查实施阶段,上海起步早,碰到的问题多,需要请示汇报的事情多,全国调查办、东海区调查办一直给予及时、耐心的解答,有力地推进了上海的调查工作。

在工作推进过程中,市调查办积极争取市调查工作推进小组成员单位的支持。市发展和改革委员会协调相关部门配合推进调查整体工作。市统计局在方案编制、底册和名录核实、制度建设、技术培训等方面给予专业指导,在数据采集前核实并共享了单位底册,在数据采集后根据调查方案要求共享了2013—2017年分年度、分地区、分产业涉海单位从业人员、财务状况等重要指标基础数据。市财政局在市级经费落实和区级经费协调等方面给予指导支持,确保了调查工作有序开展。

加强市、区两级调查机构的工作对接和交流,市调查办与各区调查办建立联络员制度。根据各区好的经验做法或存在的共性问题,印发了34期工作提示,在微信工作群发布工作提醒群公告300余条,内容涉及调查网络、调查宣传、单位核实、入户技巧、报表分配、质量控制、数据录入、档案整理等方面。对各区提出的问题,市调查办第一时间响应,以最快速度解答,有效提高了工作效率。

二、加强进度和安全保密管理

市海洋局高度重视海洋经济调查工作,局长办公会议专题研究推进调查进度。市调查办领导在调查准备、涉海单位清查、产业调查、数据录入审核、工作验收等重要节点召开推进会,部署阶段性任务,交流分享工作经验,深入基层调研协调,确保了全市整体进度走在全国前列。

调查准备阶段,市调查办多次赴市统计局、各区调查办、街道、企业进行走访调研,研究调查工作机制和工作方案,全面掌握区级调查准备情况和存在的问题,给出有针对性的建议,为确定全市调查工作机制和顺利启动调查工作奠定了扎实的基础。

在调查实施阶段,市调查办建立周报制度、例会制度、信息报送制度和工作简报制度。市、区两级调查机构通过专题会议、工作例会、现场督查、合同考核、工作简报、工作提示等方式加强市、区工作对接,严格进度管理,研究解决出现的各类问题,保障了调查工作的顺利推进。

各区每周上报机构组建、人员和经费落实、方案编制、涉海单位清查、数据采集、录入、驳回整改、质量检查整改等进展情况,并根据不同调查阶段调整周报内容。市调查办每周汇总、分析各区一周进度情况,形成工作周报上报市调查办领导,同时通报各区调查办;编制 28 期《调查工作简报》和 1 期《调查情况通报》,分送全国调查办、东海区调查办、调查推进小组成员单位、市调查办领导、各区人民政府、区调查办。向全国调查办报送调查简讯 160 余条,及时报告调查中碰到的困难,寻求帮助和支持。

市调查办一直把调查数据和人员的安全、保密工作放在重要位置,在党的十九大、春节、两会等重要活动和时间节点,专门部署安全稳定、人员安全、数据安全保密等工作,确保调查的顺利开展。

三、规范报表填报

上海市涉海单位清查标识认定、海洋及相关产业调查、海洋专题调查等报表填报工作,采用了营业状态核实、入户调查、集中座谈等多种方式。

入户前,调查员通过企业信用信息公示系统、企查查、天眼查、地图搜索、百度、114查号台等渠道查询调查对象营业状态及最新联系方式、地址,将有关情况登记在案。如果经企业信用信息公示系统、街镇等出具权威证明确认为停业、注销的,按无法填报处理,不再入户。

入户调查是数据采集的主要方法,采取“电话沟通—入户填表—报表回收审核—不合格报表再次入户填报”的流程采集数据,并进行全过程质量控制。入户时,调查员持证上门发放调查表、调查告知书,并指导调查对象填报。经反复核实确认关闭、停产、歇业、注销、搬迁去向不明等情况的,进行定位、拍照等规范作业,按无法填报处理;经多次入户仍拒报的情况,上报区调查办统一处理;针对搬迁至区外、市外的单位填写《信息调整情况上报表》,其中,搬迁至区外的,由市调查办统一进行跨区调整,搬迁至市外的,上报全国调查办进行统一调整;针对标识认定为涉海单位的对象,告知产业调查阶段将进行二次入户填表,记录最新联系方式。

入户完成后,调查员将已回收的报表、调查结果等反馈调查指导员,由调查指导员审核,并组织调查员进行互审,不符合要求的驳回整改。为有效管理入户工作,浦东、黄浦、静安、杨浦、闵行等区还开发了手机 APP,规范调查人员行为。

为提高工作效率,宝山、奉贤等区采取了集中座谈方式,由街道联络员联系调查对象携带财务报表、生产经营情况等资料到指定地点进行集中座谈,现场填报报表并签字盖章,当场回收。

四、加强数据录入和审核

市、区两级调查机构组织专人在全国调查办统一开发的涉海单位清查系统和数据采集系统中进行数据录入,并安排不同的工作人员进行审核把关,对录入有误或偏差较大的数据驳回整改。

上报后的调查数据由上级调查机构进行逐级审核,在数据集中上报阶段,市调查办安排6名专职人员进行数据审核,同时跟进上级驳回数据处理进度,及时将数据驳回质疑情况通知区级调查办,由区调查办安排原调查人员进行入户核实。经统计,市级审核驳回质疑数据约10 000条,东海区调查办和全国调查办审核驳回质疑数据约1000条,各区调查办均及时处理重新上报。2018年3月,全市完成涉海单位清查数据上报、审核、整改;10月基本完成海洋及相关产业、海洋专题调查数据上报、审核、整改,后续根据全国调查办的审核要求进行了零星的整改和补充说明。

五、创新填报指导手段

本次海洋经济调查涉及范围广,调查产业多,调查工作量大,报表类型复杂,涉及30个海洋及相关产业、8个海洋专题共55张报表,对调查人员技术要求高。为方便、直观地指导填报,市调查办深入研究调查方案和技术规范,编制了《调查人员指导手册》,在全国首创设计了55份直观形象的《调查报表解读说明》,在调查样表上详细标注说明了数据填报要求和盖章、签字要求,以图片形式发布在调查官网、微信公众号、调查人员培训讲义上,供调查人员和调查对象随时查阅,只须输入表号或关键字即可查看相应报表的解读说明。这套报表解读材料获得全国调查办专家的肯定,在部分省市得到推广应用。

在调查过程中,对不断出现的新问题采用更新报表解读、印发工作提示、公开咨询电话、微信工作群及时回复等方式进行交流,实现了实时远程专业指导,提高了报表填报的规范性、准确性,切实降低了不合格报表的返工率。

为保证调查成果的覆盖面和可靠性,梳理了142家重点涉海单位,要求各区在调查中予以重点关注,确保重点涉海单位应填尽填,成功填报130余家。

六、细化调查现实问题处理办法

针对单位搬迁、经营状态变化、负责人签字困难、产业类别有误,系统数据录入时如何规范说明无法填报单位、如何精准进行数据审核等调查中暴露的现实问题,市调查办依据调查方案、标准规范,在全国率先制定了清查阶段、数据采集阶段各类问题的3个处理办法(《上海市第一次全国海洋经济调查涉海单位清查工作若干问题处理意见》《上海市第一次全国海洋经济调查数据采集阶段有关问题处理办法》《关于规范产业调查和专题调查数据采集填报中有关问题的处理意见》），经全国调查办审定后印发，并在实施过程中及时根据新出现的问题进行调整，增强调查的可操作性，也为全国调查办制定问题处理意见进行了积极探索。

七、开通非沿海区在线填报权限

根据全国调查办的工作方案，沿海区调查机构通过海洋专网登录调查系统进行在线数据处理；非沿海区调查机构无法直接访问调查系统，仅可使用单机版系统进行数据处理。为解决使用单机版系统可能导致的准确性、时效性问题，为避免审核过程中由于系统差异产生的偏差和数据遗漏，以提高工作效率，市调查办依托本市政府系统互联互通的网络优势和水务海洋合署办公体制优势，协调 7 个非沿海区调查机构通过政务网、防汛专网直接访问调查系统进行在线数据处理，确保了调查工作顺利推进。

第四节　创新调查工作方式

一、确定全市一盘棋的工作机制

市政府对海洋经济调查工作高度重视，创新调查组织机制，明确了市、区分级负责的调查工作机制，全市 16 个区一盘棋推进。各区政府作为调查责任主体，于 2017 年 5 月完成了区级调查机构组建，分管区领导任组长，落实了责任部门，其中 5 个沿海区（浦东、宝山、金山、奉贤、崇明）调查办设在区海洋局；非沿海区中，长宁、虹口两个区调查办设在区统计局，黄浦、徐汇、静安、普陀、杨浦 5 个区调查办设在区建管委（建交委），闵行、嘉定、松江、青浦 4 个区调查办设在区水务局。另外，浦东、长宁两个区街镇一级也相应成立了调查机构，确保调查工作高效运行。

二、落实全过程全覆盖质量管理

上海严格执行调查方案技术要求，建立了质量控制岗位责任制，落实了全过程质量管控台账。坚持"全程控制、全员控制、分级控制、分类控制"4 个质控原则，严格贯彻"四级审验制"，做好调查单位内审、调查员收审、调查指导员复审、调查员互审工作。

为贯彻全过程质量控制原则，市调查办在每个阶段都发文强调各阶段质量控制要求、上级质量检查要求和区级自查要求。在涉海单位清查和数据采集阶段，东海区调查办、市调查办对全市 16 个区开展了全覆盖、全过程的清查抽查、事中检查、事后抽查共 3 轮 48 次质量检查，1 次现场质量复查。检查采取座谈交流、资料查阅、入户核查、数据抽查等多种方式，现场记录检查结果。两个工作日内反馈检查结果，要求区调查办尽快查找问题根源，落实整改措施，健全质量控制体系，上报整改报告。对发现的共性问题及时印发 10 期工作提示,提醒各区引起重视。同时,对好经验好做法(如长宁区"咬尾巴"质量自查)进行推广,对整改不符合要求的区坚决进行复查。经统计,市级清查阶段抽查 1394 家;数据采集阶段事中抽查单位 323 家,有效填报报表 218 份,非零指标 521 个。东海区及市级事后抽查 138 家单位,未发现不符情况。根据检查结果和整改报告,全市 16 个区均通过了上级 3 轮质量检查,调查数据符合标准规范要求。

清查质量检查的重点是前期准备、进度管理、无法填报单位处理、标识认定是否准确等内容;事中质量检查的重点是报表填报规范性、报表安全管理、数据录入是否正确、区级质量自查等内容;事后质量检查的重点是调查对象源头数据是否准确、涉海单位经营状态是否真实。主要体现了 5 个特点:一是依据调查工作原则增加了清查质量检查内容,细化了事中、事后质量控制内容;二是着重解决调查方案规范未作规定的"无法填报单位"处理等客观存在情况的检查方式;三是拓展了质量检查方式,创新性地采取"入户核实"方式抽查单位状态等内容;四是细化设计了相应的检查记录表,使现场检查更具操作性,留下真实的检查记录;五是突破方案规定对所有区进行了 3 轮质量检查,基本实现了"第一时间发现问题,在萌芽阶段解决问题,全过程全覆盖进行质量控制"的预定目标,为市调查办在调查信息系统中审核区调查办上报的数据,以及区级工作验收打下扎实的基础。

三、全力降低调查拒报率

为有效提高调查对象的配合度,市调查办借鉴统计部门工作经验,在官网、微信公众号中公布市、区两级调查机构咨询电话和调查人员信息,及时协调 12345 市民服务热线、水务海洋热线、市交通委员会、市旅游局等部门答复调查对象咨询。在调查入户高峰期,市、区各级调查办日均答复调查对象咨询电话 100 余次,累计处理市民服务热线、水务海洋热线处理单近百条。

调查后期,针对多次上门仍拒报的单位,市调查办积极争取经信、交通、旅游、教育、海事、人民银行上海总部等部门协调行业管理单位配合调查;以市调查办的名义向约 500 家拒报单位发出协助函,发函后成功回收调查表 400 余份。各区调查办也各显神通,主动对接统计、公安、旅游等相关部门及街镇、开发区管委会人员并陪同入户,发放《统计法律事务告知书》,通过努力,全市调查拒报率从约 10% 下降至 1.1%,取得了明显成效。

四、开展深海技术研发专题调查

为掌握本市深海技术研发及产业发展状况,引导海洋产业结构差异化发展,在调查形成的涉海单位名录的基础上,上海还开展了深海技术研发情况专题调查。

调查对象主要为从事深海科学技术研究、深海技术装备材料研发和生产、深海资源调查勘探开发、深海专业人才培养等相关活动的单位;调查内容包括业务类别、从业人员、重要设备、研究方向、研究成果、研发或生产的设备或材料及应用领域、人才培养等情况。

综合采用文献收集、专家访谈、现场调研、入户调查等方式,通过调查研究形成了深海技术及产业重点领域分类、深海领域重点单位名录和深海技术研发专题调查报告。

第三章 上海市海洋经济总体情况

在市委市政府的领导下,上海积极贯彻落实"建设海洋强国""长三角一体化发展""一带一路"等国家战略,紧紧围绕服务上海"五个中心"建设和"三项重大任务",坚持创新驱动、转型发展,坚持陆海统筹、江海联动,海洋经济取得较快发展。

第一节 上海市海洋经济发展的基础条件

上海地处我国江海之汇,南北之中,海洋功能区划面积 10 754.6 平方千米,大陆海岸线长 213.05 千米,拥有 3 个有居民海岛(崇明、长兴和横沙)和 23 个无居民海岛。上海市陆域面积 6340 平方千米,辖 16 个区,包括 5 个沿海区(浦东新区、宝山区、金山区、奉贤区、崇明区)和 11 个非沿海区(黄浦区、静安区、徐汇区、长宁区、普陀区、虹口区、杨浦区、闵行区、嘉定区、松江区、青浦区)。沿海有金山三岛海洋生态自然保护区、崇明东滩鸟类国家级自然保护区、长江口中华鲟自然保护区和九段沙湿地国家级自然保护区 4 个自然保护区。海域、海岛、岸线、滩涂、航道、能源等海洋资源的开发利用为服务全市经济社会发展发挥了重要作用。作为我国最大的沿海城市和经济中心,上海在发展海洋经济上具有诸多有利条件。

首先是区位条件。上海地处我国 18 000 千米海岸线中部与长江黄金水道交汇处,濒江临海,交通便利,腹地广阔,良好的地理位置具有对内、对外的双向区位优势,具有沟通东西、承接南北、对内辐射、对外扩散的战略地位,具有建设国际航运中心和发展海洋经济的独特优势。

其次是产业基础。上海拥有良好的工业制造体系,在船舶和海洋工程装备制造、海洋生物医药、海洋新材料等领域基础好、技术创新能力强、发展潜力大,形成了较为完整的产业链并产生了较好的产业效益。上海具有深厚的商业文化基础和良好的营商环境,拥有比较完备的金融市场体系、金融机构体系和金融业务体系。拥有先进的现代航运基础设施网络,以海洋交通运输业、海洋旅游业、海洋技术服务业、海洋金融服务业、海洋信息服务业等为代表的海洋第三产业具有较好的发展基础。

第三是人才和科研。上海是我国海洋科研力量集聚地之一,海洋教育和科技研究学科门类齐全,拥有一批在海洋基础研究、海洋船舶和海洋工程装备、海洋工程技术、河口海岸、深海钻探、大洋极地等领域具有较强科技研发力量的涉海高校和科研院所,拥有船舶与海洋工程、河口海岸、海洋地质等海洋领域的 3 个国家重点实验室,拥有一批国家"863计划""973计划"海洋项目学科带头人和海洋科技专业人才。

第四是政策环境。"五个中心"特别是航运中心、金融中心和全球科创中心的建设与上海自由贸易试验区、长三角一体化发展等国家战略的叠加为海洋产业发展提供了广阔的空间和平台。

第二节 上海市海洋经济发展状况

近年来,上海海洋经济总体呈现平稳发展态势,加快建立对内对外开放相结合、"引进来"和"走出去"相协调的开放型海洋产业体系,推动海洋产业结构调整,促进海洋产业向高端化、国际化、集约化发展。

一、海洋经济保持平稳较快发展态势

在海洋经济总量方面,上海市海洋生产总值从2015年6760亿元增长至2019年10 372亿元,首次突破万亿元,约占全市生产总值的27.2%,占全国海洋生产总值的11.6%。其中,主要海洋产业增加值3175亿元,海洋科研教育管理服务业增加值3547亿元,海洋相关产业增加值3650亿元;海洋三次产业比为0.06∶30.9∶69.1。

表3-1 2015年上海市海洋生产总值增长情况

年份	上海市海洋生产总值(亿元)				占全国海洋生产总值比重	占上海市生产总值比重
	总数	第一产业	第二产业	第三产业		
2011年	5619	4	2197	3418	12.4%	29.3%
2012年	5946	4	2248	3694	11.9%	29.4%
2013年	5763	4	2144	3615	10.6%	29.2%
2014年	6217	6	2300	3911	10.4%	26.5%
2015年	6760	5	2436	4319	10.5%	26.9%
2016年	7463	8	2572	4883	10.6%	27.1%
2017年	8495	5	2856	5634	11.0%	28.2%
2018年	9186	6	3002	6178	11.5%	26.6%
2019年	10 372	6	3203	7163	11.6%	27.2%

在海洋产业布局方面,依托海洋发展重大工程项目建设和海洋产业园区打造,海洋产业从黄浦江两岸向长江口和杭州湾沿海地区转移,布局日趋合理,海洋产业集聚效应凸显,如临港海洋先进产业的集群发展,长兴岛船舶制造、海工装备基地的打造,北外滩、陆家嘴航运服务业的规模化发展,吴淞口国际邮轮港建设运行,张江海洋生物医药产业的集聚等。优势互补、特色明显、集聚度高的"两核三带多点"的海洋产业功能布局

日渐成型,区域海洋经济形成错位竞争、互补合作局面。

● 临港海洋产业发展核,是上海自由贸易试验区新片区,在独特的区位条件和政策环境培育下,海洋高端装备制造、科创研发优势突显,逐步成为海洋工程装备产业和战略性新兴产业集聚区域,海洋科技资源集聚、研发孵化和成果转化等促进效果明显。依托全国海洋经济创新发展示范城市核心承载区建设,支持深海无人潜水器、海洋生物疫苗、海底科学观测网等重点项目建设,一批具有核心竞争力的科创型企业茁壮成长,产业集聚效应逐步显现,已成为海洋经济高质量发展高地,引领带动了深远海高端装备、海洋生物药物等领域的创新突破和集聚孵化。

● 长兴岛海洋产业发展核,是国家重要的船舶、海洋装备制造基地和海洋经济发展示范区。集聚了江南造船、沪东中华、振华重工等重要产业基地,积极开展海工装备产业发展模式和海洋产业投融资体制创新,带动海洋产业集群发展。制造了一批具有国际领先水平的深海钻井平台、超大型集装箱船、液化天然气船、重型起重船。

● 杭州湾北岸产业带,推进临港、奉贤、金山滨海旅游区建设,上海化学工业区能级持续提升。

● 长江口南岸产业带,宝山区、虹口区等邮轮母港建设不断完善,邮轮产业快速发展,浦东外高桥、宝山地区海洋先进制造业、航运服务业形成一定规模。

● 崇明生态旅游带,依托世界级生态岛建设,逐渐成为集滨海休闲和生态旅游一体的旅游度假区域。

● 推进海洋产业多点发展,北外滩航运服务业、张江高科海洋生物产业等多个特色海洋产业点状区域不断壮大。

在海洋产业结构方面,海洋第一产业比重保持基本稳定,海洋第二、三产业占绝对主导地位,占海洋生产总值的99.97%。特别是海洋第三产业,受益于海洋交通运输业、海洋旅游业的稳步发展,比重不断提升,2019年占比为69.1%,高于全国平均水平。

二、重点海洋产业转型升级发展

海洋渔业加快向深远海发展。全市近海以渔业资源养护为主,深远海养殖、捕捞成为发展趋势。以上海水产集团为龙头的一批远洋渔业企业总功率和捕捞产量约占全国的一成,通过实施"产业外扩、产品回国"战略,为上海市场提供了丰富的远洋水产品。横沙渔港已初步成为集渔船避风、物资补给、鱼货交易、适度加工、冷藏收储、休闲旅游等多重功能于一体的渔港,卸港量突破2万吨;建成投产2000吨级-60℃超低温冷库及全球最先进三文鱼加工线;发起成立中国水产流通与加工协会帝王蟹分会,进一步推动了深远海产品在国内市场的流通交易。启动国内首个深远海智慧渔业工程项目,致力于打造孵化、养殖、捕捞、深精加工为一体的综合生产系统。

船舶海工领域制造能级持续提升。上海是我国民族工业的发祥地,也是我国重要的先进制造业基地之一。船舶和海洋工程装备制造也具有雄厚基础和技术创新能力,拥有江南造船、沪东中华、外高桥船厂、上海船厂、上海电气、振华重工等一批高端船舶海工研发和制造企业,已基本形成海洋船舶、海洋工程装备和船舶配套设备产业群,形成长兴岛、外高桥、临港三大产业基地。近年来,上海船舶和海洋工程装备制造持续向高端转移,高技术船舶、海工装备和关键技术研发制造取得较大突破,高技术船舶比例上升。海洋石油 981 深水半潜式钻井平台、40 万载重吨超大型矿砂船、世界最大级别 23 000 标准箱超大型集装箱船、17.4 万立方米双燃料动力液化天然气船、极地科考破冰船"雪龙 2"号、大型豪华邮轮等一批先进水平船舶和海洋工程装备先后开工、建造和交付使用,提升了全球市场竞争力。科研能力进一步提升,由中船 708 所、江南造船、振华重工分别承担的最大型散货船、双燃料液化乙烯气体运输船、船舶关键技术等项目获得 2019 年度上海市科学技术进步奖。中船集团和中船重工合并重组为中国船舶集团有限公司,成为全球最大的造船集团,总部落户上海浦东,大大增强了上海在船舶海工领域的科技创新、资源整合和发展实力。

海洋生物医药取得阶段性突破。中科院上海药物研究所与上海绿谷制药等联合研制的甘露特钠胶囊获批上市,填补了 16 年来国际上治疗阿尔茨海默病药物空白。上海北链生物对海藻的开发利用已形成较大规模,开发出卡拉胶等产品。

海洋交通运输业继续保持良好发展势头。上海港始建于黄浦江,发展于长江口,拓展于杭州湾,腾飞于洋山港,完成了由内河向河口、滨海、海岛的开拓过程。港口基础设施建设进一步完善,全球规模最大的自动化集装箱码头洋山深水港四期工程正式运营,靠泊能力 15 万吨。上港集团打造的洋山深水港智能重卡示范运营项目成为全国首个"5G+智能驾驶"的智慧港口。现代航运服务功能不断完善,一批国际性、国家级航运功能性机构落户上海,全球排名前二十的班轮公司、排名前四的邮轮企业、全球九大船级社均在上海设立总部或分支机构。依托上海自贸试验区改革创新平台,分别在国际船舶管理、国际海运业务、船舶代理、外轮代理、国际海运货物装卸、海运集装箱站和堆场业务等领域逐步扩大开放,负面清单管理模式在航运领域基本形成。2019 年,上海港实现集装箱吞吐量 4330 万标准箱,同比增长 3.1%,继续保持全球第一;货物吞吐量 72 031.32 万吨。中国远洋海运集团经营船队综合运力 10 455 万载重吨/1315 艘,排名世界第一,是全球领先的港口运营商。航运服务功能不断优化,上海航运交易所着力完善"上海航运"指数体系。根据新华-波罗的海国际航运中心发展指数排名,上海位列全球第四,国际地位稳步提升。

邮轮旅游业创新突破。2018 年 10 月,市政府印发了《关于促进本市邮轮经济深化发展的若干意见》,提出了进一步扩大邮轮市场规模、完善基础邮轮港及配套基础设施、培育本土邮轮企业、建立健全相关政策体系的目标要求。2019 年 8 月,上海获批创建全国首个邮轮旅游发展示范区,打造邮轮经济"全国样板"。近年来,上海邮轮产业布局不断完善,基本形成了吴淞口国际邮轮港、国际客运中心,外高桥备用码头"两主一备"格局。邮轮旅游发展有所趋缓,2019 年上海港接待国际邮轮靠泊 259 艘次,邮轮旅客吞吐量 189 万人次,吴淞口邮轮母港成为亚洲第一、全球第四的邮轮母港。坚持服务创新,全面推行凭票进港、凭票登船,成为全国首家全面试点邮轮船票制度的港口,旅客通关刷新最快纪录,邮轮办理入境手续简化将近一半,实现了"走一条通道、过一套设备、做一次检查"的通关体验,人均耗时仅 6 秒。上海世天邮轮产业发展有限公司(世天邮轮)与中国船级社(CCS)在北京签署"中国首艘自主设计豪华邮轮"研发合作协议,努力实现我国豪华邮轮产业发展的新突破。

三、推动海洋经济发展的几点举措

(一) 加强规划引领

2018 年 1 月,市政府办公厅印发了《上海市海洋"十三五"规划》,明确了"十三五"期间海洋发展的指导思想、基本原则、发展重点、发展目标、主要任务及保障措施,根据《全国海洋经济发展"十三五"规划》提出的"推进深圳、上海等城市建设全球海洋中心城市"要求,上海明确提出"按照建设全球海洋中心城市要求,进一步提升对外开放水平和国际影响力",引领上海海洋经济创新发展。

(二) 推进国家海洋经济创新示范城市建设

2017 年 6 月,国家海洋局、财政部批复了浦东新区海洋经济创新发展示范城市,临港地区作为主要承载区,支持深远海装备制造、海洋生物疫苗等重点项目建设,扶持一批具有核心竞争力的科创型企业,打造海洋产业链协调创新和产业孵化集聚创新发展模式。通过海洋经济创新发展示范城市创建,临港地区已经成为了海洋经济高质量发展高地,引领带动了深远海高端装备、海洋生物药物等领域的创新突破和集聚孵化。其中,雄程海洋工程公司推进的海上大型打桩系统技术,迈向了世界舞台,获取了克罗地亚佩列莎茨跨海大桥打桩项目,成为该领域民营企业的佼佼者。彩虹鱼推进的全海深载人潜水器研制项目,在马里亚纳海沟成功完成两台"彩虹鱼"第二代着陆器的万米级海试,深度分别为 10 918 米和 10 899 米。思纬生物开展的海藻生物胶产业化和产业链重构,已经在医药、日化、乳品等细分累计推出近 10 个新品批量。

(三) 推进国家海洋经济发展示范区建设

2018 年 12 月,崇明区长兴岛获国家发展改革委、自然资源部批复建设海洋经济发展示范区,积极开展海工装备产业发展模式和海洋产业投融资体制创新。聚焦高技术船舶和特种船舶制造维修、港口和海洋工程装备、渔港经济和产业生活配套等领域,按照"一带一镇两园"（海洋装备产业带、海洋装备配套产业园区、渔港小镇、长兴岛郊野公园）产业布局,助推世界先进的海洋装备岛建设,打造全市海洋经济高质量、高效益发展区域。

(四) 推进长三角海洋经济高质量一体化发展

习近平总书记提出"将支持长江三角洲区域一体化发展并上升为国家战略",提出"经济强国必定是海洋强国、航运强国"。区域海洋经济协同发展是长三角一体化发展的重要组成部分,上海依托"海洋经济创新发展示范城市"和"海洋经济发展示范区"建设,加强与江苏、浙江沿海城市沟通交流,探索建立长三角区域海洋经济创新发展示范城市、海洋经济发展示范区和涉海产业园区的协同发展机制,在海洋产业链和创新链打造、海洋科创型企业孵化集聚、海洋资源要素共享、公共服务平台共建共享等方面有所突破。2018 年世界海洋日上海主场活动,上海浦东、宁波、南通、舟山等地 5 个海洋产业园区签署了《长三角区域海洋产业园区(基地)战略合作协议》。2019 年 9 月,上海市海洋局牵头举办"长三角海洋经济一体化发展研讨会",邀请自然资源部东海局、江苏省及江浙沿海城市海洋经济管理部门共同商讨海洋领域协调联动,盐城、南通、崇明长兴岛、浦东、宁波、舟山等地海洋部门签署了合作备忘录。

(五) 搭建海洋科技协同创新平台

利用建设具有全球影响力科技创新中心的契机,推动海洋科技协同创新,近年来上海市海洋局陆续挂牌成立了"河口海岸及近海工程""深海装备材料与防护""海洋生物医药""海洋测绘"4 个工程研究中心,并通过国家和本市相关专项支持开展创新研究和业务建设;积极推进临港海洋高新技术产业基地(全国首家科技兴海产业示范基地)、长兴海洋科技港等涉海产业基地发展。

第三节　上海市涉海单位分布情况

上海市第一次全国海洋经济调查通过涉海单位清查基本掌握了全市涉海单位分布情况。

一、涉海法人单位清查底册核实情况

根据全国调查办的统一部署,市调查办组织各区调查办,会同本级调查机构成员单位,将底册数据与本级统计、工商、税务、民政、编办等部门及街镇所掌握的数据进行比对核实,增加清查底册中没有的单位,去除底册中已关停并转的单位,列出地址、电话等信息变更的单位,形成了上海市底册单位变化情况审批登记表和核实工作报告。市调

查办最终核定新增单位 1330 家,核减单位 468 家,信息调整单位 1321 家,上报全国调查办审核。

经全国调查办审定下发的上海市清查底册中共有涉海单位 63 514 家,其中直接标识认定单位 5752 家,非直接标识认定单位 57 762 家(详见表 3－2)。

表 3－2　2015 年上海市涉海法人单位清查底册数据汇总

区域	区	涉海单位数量(家)		
		总数	直接标识认定	待采集标识认定
沿海区	浦东新区	11 740	1167	10 573
	宝山区	3363	314	3049
	金山区	1458	141	1317
	奉贤区	2515	185	2330
	崇明区	933	189	744
	小计	20 009	1996	18 013
非沿海区	黄浦区	2961	428	2533
	徐汇区	5868	390	5478
	长宁区	3432	308	3124
	静安区	4269	433	3836
	普陀区	3122	326	2796
	虹口区	4541	341	4200
	杨浦区	4506	400	4106
	闵行区	4076	434	3642
	嘉定区	5553	275	5278
	松江区	3130	281	2849
	青浦区	2047	140	1907
	小计	43 505	3756	39 749
合计		63 514	5752	57 762

二、全市涉海法人单位认定情况

2017 年 10 月上海市完成涉海单位清查阶段工作,共清查单位 57 260 家,其中初筛认定非涉海单位 19 325 家,上门采集信息单位 22 508 家,无法填报单位 15 427 家,完成率 99.1%;认定涉海单位 1742 家。

经全国调查办审定后形成《上海市涉海法人单位名录》,全市涉海法人单位 7494 家(其中,直接标识认定 5752 家,采集信息后标识认定 1742 家,分别占比 76.8% 和 23.2%)。

其中,按机构类型分类,涉海企业 7004 家,占比 93.4%;行政机关 16 家,事业单位 148 家,社会团体 6 家,民办非企业等其他类型 320 家。

按注册类型分类,内资单位 7025 家,港澳台商投资单位 221 家,外商投资单位 248 家。

按产业分类,涉海单位分布在 23 个海洋产业中(详见图 3-1)。海洋旅游业 4893 家,海洋交通运输业 1609 家,海洋船舶工业 349 家,海洋产品批发 128 家,海洋工程装备制造业 122 家,海洋技术服务业 99 家,海洋信息服务业 56 家,海洋渔业 42 家,海洋管理 38 家,海洋产品零售 28 家,海洋药物和生物制品业 19 家,海洋工程建筑业 19 家,海洋科学研究 17 家,涉海金融服务业 17 家,海洋教育 13 家,其他海洋产业涉海单位数量较少。各产业涉海单位在各区分布情况见表 3-3。

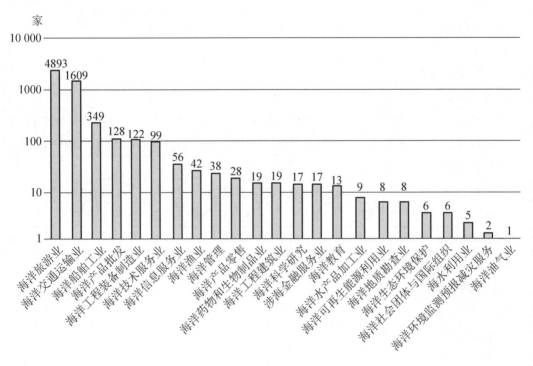

图 3-1　2015 年上海市涉海法人单位数量分布情况(按海洋产业)

表 3-3　2015 年上海市涉海法人单位各区分布情况

海洋产业	区															
	浦东新区	黄浦区	静安区	徐汇区	长宁区	普陀区	虹口区	杨浦区	宝山区	闵行区	嘉定区	金山区	松江区	青浦区	奉贤区	崇明区	合计
海洋渔业	13							7	1			1		4	6	10	42
海洋水产品加工业	1								1	1		1	4		1		9

（续表）

海洋产业	区																合计
	浦东新区	黄浦区	静安区	徐汇区	长宁区	普陀区	虹口区	杨浦区	宝山区	闵行区	嘉定区	金山区	松江区	青浦区	奉贤区	崇明区	
海洋油气业			1														1
海洋矿业																	0
海洋盐业																	0
海洋船舶工业	157	1	5	6			4	33	22	8	18	7	14	5	19	50	349
海洋工程装备制造业	55		1					3	3	10	9	6	21		5	9	122
海洋化工业																	0
海洋药物和生物制品业	3							1		5		2		3	5		19
海洋工程建筑业	8	3	1					2	4		1						19
海洋可再生能源利用业	3	2		1				2									8
海水利用业	1	1										2			1		5
海洋交通运输业	290	105	71	21	103	12	690	156	67	28	11	9	21	3	9	13	1609
海洋旅游业	834	407	418	374	288	300	272	300	262	413	246	125	259	129	150	116	4893
海洋科学研究	7	1		1	1	1	1		3				1	1			17
海洋教育	5			2			2		1				2			1	13
海洋管理	9	3			2	1	3	3	4			7			3	3	38
海洋技术服务业	35	7	1	15	9	1	6	9	4			2	3	4		3	99
海洋信息服务业	23		1	8	5	4		6	2	5			2				56
涉海金融服务业	9	2		2			2								2		17
海洋地质勘查业	5		2						1								8
海洋环境监测预报减灾服务	1								1								2
海洋生态环境保护								1	1				1			2	6
海洋社会团体与国际组织	1	1		1			1						1			1	6
海洋产品零售	19	1	1		1	1	1					2	1			1	28
海洋产品批发	19		2	5	6	25	2	36	11	6	4	2	1	2	6	1	128
合计	1498	534	504	433	417	345	983	564	382	482	292	167	329	146	205	213	7494

按区域分类,可分为沿海区和非沿海区。沿海区涉海法人单位2465家,占比32.9%,其中浦东新区1498家、宝山区382家、金山区167家、奉贤区205家、崇明区213

家。非沿海区涉海法人单位 5029 家,占比 67.1%,其中虹口区 983 家、黄浦区 534 家、杨浦区 564 家、静安区 504 家、闵行区 482 家,名列前茅。浦东新区涉海单位 1498 家,占全市比重约 20.0%,居全市首位,与其在全市海洋经济中的重要地位相吻合;虹口区涉海单位数量仅次于浦东新区,占全市比重约 13.1%,其中海洋交通运输企业占全区涉海单位总量 70.2%,与北外滩航运服务业的发展关系密切。涉海单位数量在全市占比超过 6%的还有杨浦区、黄浦区、静安区和闵行区。由于海洋旅游业中住宿、旅行社在区域分布上差异性较小,在不考虑海洋旅游业的情况下,涉海单位数量位居前八的依次是虹口区、浦东新区、杨浦区、黄浦区、长宁区、宝山区、崇明区、静安区,其中虹口区、浦东新区占比 52.8%(详见表 3-4)。

表 3-4 2015 年上海市涉海法人单位分布汇总(按区域)

区域	区	涉海法人单位(家)	占全市比重
沿海区	浦东新区	1498	20.0%
	宝山区	382	5.1%
	金山区	167	2.2%
	奉贤区	205	2.7%
	崇明区	213	2.8%
	小计	2465	
非沿海区	黄浦区	534	7.1%
	徐汇区	433	5.8%
	长宁区	417	5.6%
	静安区	504	6.7%
	普陀区	345	4.6%
	虹口区	983	13.1%
	杨浦区	564	7.5%
	闵行区	482	6.4%
	嘉定区	292	3.9%
	松江区	329	4.4%
	青浦区	146	1.9%
	小计	5029	
合计		7494	

三、涉海法人单位清查汇总表

按照《涉海法人单位清查技术规范》附录 G 编制全市涉海法人单位汇总表,清查后认定涉海法人单位7494家,因清查底册中部分直接标识认定单位的部分信息缺失,本次分析所用的部分数据基于7328家涉海法人单位。

(一) 涉海法人单位情况按海洋产业分组

根据《海洋及相关产业分类》,按照三次产业分类法,可将海洋产业分为3类:海洋第一产业、海洋第二产业和海洋第三产业,涉及的涉海单位数量比为0.6∶7.1∶92.3;2015年海洋三次产业增加值比为0.1∶36.0∶63.9。

海洋第一产业涉及海洋渔业,涉海法人单位数42家,占全市比重0.6%。

海洋第二产业主要涉及海洋水产品加工业、海洋油气业、海洋船舶工业、海洋工程装备制造业、海洋药物和生物制品业、海洋工程建筑业、海洋可再生能源利用业、海水利用业8个产业,涉海法人单位数532家,约占全市比重7.1%。其中,上海的优势产业海洋船舶工业和海洋工程装备制造业,涉海法人单位数较多,分别为349家和122家,占全市比重分别为4.7%和1.6%;海洋药物和生物制品业、海洋可再生能源利用业,涉海法人单位分别是19家和8家,占比分别是0.3%和0.1%。

根据调查数据分析,全市海洋第三产业在海洋生产总产值中的比重逐年上升,产业结构优化趋势明显。海洋第三产业主要涉及海洋交通运输业、海洋旅游业、海洋科学教育、海洋管理等14个海洋产业,涉海法人单位数6920家,占全市比重92.3%。其中,海洋旅游业涉海法人单位数4893家,占全市比重65.3%,比重最大;其次是上海的传统优势产业海洋交通运输业,涉海法人单位数1609家,占全市比重21.5%(详见表3-5)。

表3-5　2015年上海市涉海法人单位分布情况(按海洋产业)

海洋产业	涉海法人单位(家)	占全市比重
海洋渔业	42	0.6%
海洋水产品加工业	9	0.1%
海洋油气业	1	0.0%
海洋船舶工业	349	4.7%
海洋工程装备制造业	122	1.6%
海洋药物和生物制品业	19	0.3%
海洋工程建筑业	19	0.3%
海洋可再生能源利用业	8	0.1%
海水利用业	5	0.1%

（续表）

海洋产业	涉海法人单位（家）	占全市比重
海洋交通运输业	1609	21.5%
海洋旅游业	4893	65.3%
海洋科学研究	17	0.2%
海洋教育	13	0.2%
海洋管理	38	0.5%
海洋技术服务业	99	1.3%
海洋信息服务业	56	0.7%
涉海金融服务业	17	0.2%
海洋地质勘查业	8	0.1%
海洋环境监测预报减灾服务	2	0.0%
海洋生态环境保护	6	0.1%
海洋社会团体与国际组织	6	0.1%
海洋产品零售	28	0.4%
海洋产品批发	128	1.7%
合计	7494	

（二）涉海法人单位情况按区域分组

根据海洋经济调查数据统计，全市涉海法人单位数 7494 家，其中沿海区 2465 家，占 32.9%；非沿海区 5029 家，占 67.1%。非沿海区的涉海法人单位数量高于沿海区。虹口区、杨浦区、黄浦区等由于地理位置和地区经济水平等因素影响，涉海法人单位量分布较多（详见表 3-4）。

（三）不同机构类型的涉海法人单位情况（按海洋产业）

依据机构类型的不同，涉海法人单位可分为：涉海企业、涉海事业单位、涉海行政机关、涉海团体、其他类型，由于部分数据底册信息缺失，本部分数据分析基于 7328 家涉海法人单位。

根据调查数据统计，涉海企业 7052 家，占全市比重 96.2%；涉海事业单位 177 家，占全市比重 2.4%；涉海行政机关 16 家，占全市比重 0.2%；涉海团体 4 家，占全市比重 0.1%；其他类型 79 家，占全市比重 1.1%（详见表 3-6）。

表 3-6   2015 年上海市不同机构类型涉海法人单位情况（按海洋产业）

海洋产业	涉海法人单位（家）					
	涉海企业	涉海事业单位	涉海行政机关	涉海团体	其他	总计
海洋渔业	11				31	42
海洋水产品加工业	9					9
海洋油气业	1					1
海洋船舶工业	349					349
海洋工程装备制造业	119					119
海洋药物和生物制品业	19					19
海洋工程建筑业	18				1	19
海洋可再生能源利用业	8					8
海水利用业	5					5
海洋交通运输业	1608				2	1610
海洋旅游业	4671	140			38	4849
海洋科学研究	11	6				17
海洋教育	1	5				6
海洋管理	3	13	16		6	38
海洋技术服务业	91	8				99
海洋信息服务业	55	1				56
涉海金融服务业	17					17
海洋地质勘查业	8					8
海洋环境监测预报减灾服务	1	1				2
海洋生态环境保护	4	2				6
海洋社会团体与国际组织				4		4
涉海服务	43	1			1	45
合计	7052	177	16	4	79	7328

涉海企业按海洋产业分组，主要分布在海洋旅游业、海洋交通运输业、海洋船舶工业、海洋工程装备制造业，对应企业数量分别为 4671 家、1608 家、349 家、119 家，占全市比重 92.1%（详见图 3-2）。

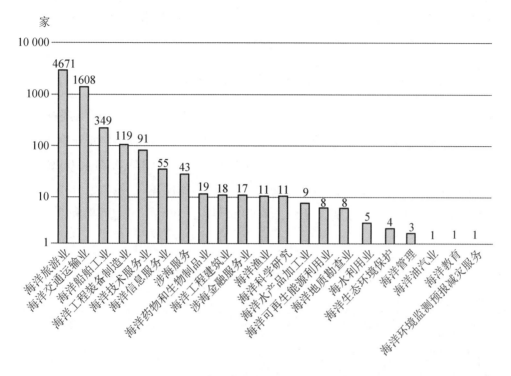

图 3-2　2015 年上海市涉海企业分布情况(按海洋产业)

涉海事业单位按海洋产业分,主要有海洋旅游业、海洋管理、海洋技术服务业、海洋科学研究和海洋教育,对应的单位数量分别为:140 家、13 家、8 家、6 家和 5 家(详见图 3-3)。

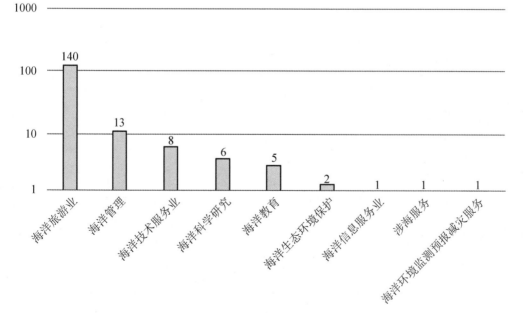

图 3-3　2015 年上海市涉海事业单位分布情况(按海洋产业)

按海洋产业分,涉海行政机关全部归属于海洋管理,单位数量为 16 家;涉海团体全部归属于海洋社会团体与国际组织,单位数量为 4 家。

(四) 按机构类型分组的涉海法人单位情况(按区域)

涉海法人单位根据机构类型不同,按区域分为沿海区和非沿海区。根据调查统计,沿海区的涉海企业、涉海事业单位、涉海行政机关、涉海团体及其他类型分别为 2261 家、63 家、12 家、2 家和 63 家,分别占全市比重为 30.9%、0.9%、0.2%、0.1% 和 0.9%。

非沿海区涉海企业、涉海事业单位、涉海行政机关、涉海团体、其他类型分别为 4791 家、114 家、4 家、2 家和 16 家,分别占全市比重为 65.4%、1.6%、0.1%、0.1% 和 0.2%(详见表 3 - 7)。

表 3 - 7　2015 年上海市不同机构类型涉海法人单位情况(按区域)

区域	区	涉海法人单位(家)					
		涉海企业	涉海事业单位	涉海行政机关	涉海团体	其他	共计
沿海区	浦东新区	1400	34	1	1	22	1458
	宝山区	359	7	3		2	371
	金山区	147	8	4		2	161
	奉贤区	183	7	2		8	200
	崇明区	172	7	2	1	29	211
	小计	2261	63	12	2	63	2401
非沿海区	黄浦区	508	22	1	1	1	533
	徐汇区	411	15				426
	长宁区	401	7	2			410
	静安区	488	11			2	501
	普陀区	312	5			2	319
	虹口区	971	5	1	1	2	980
	杨浦区	513	13				526
	闵行区	462	11				473
	嘉定区	280	6			1	287
	松江区	317	10			1	328
	青浦区	128	9			7	144
	小计	4791	114	4	2	16	4927
合计		7052	177	16	4	79	7328

沿海区涉海法人单位根据机构类型不同分析,浦东新区在涉海企业和涉海事业单位

分布均占比最大,涉海企业数 1400 家,涉海事业单位数 34 家,分别占全市比重 19.1% 和 0.5%;其次是宝山区涉海企业数 359 家,占全市比重 4.9%;涉海行政机关金山区数量最多,为 4 家;涉海团体主要分布在浦东新区和崇明区,分别为 1 家(详见图 3-4)。

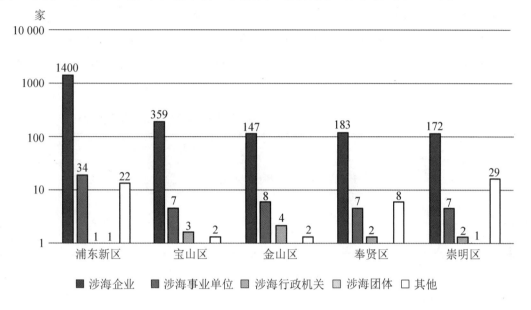

图 3-4　2015 年上海市沿海区不同机构类型涉海法人单位分布情况(按区)

非沿海区涉海法人单位根据机构类型不同,虹口区涉海企业 971 家,数量最多,占全市比重 13.3%;其次是杨浦区 513 家,占全市比重 7%;黄浦区涉海事业单位数量最多,为 22 家;长宁区涉海行政机关数量最多,为 2 家;涉海团体主要分布在黄浦区、虹口区,分别为 1 家(详见图 3-5)。

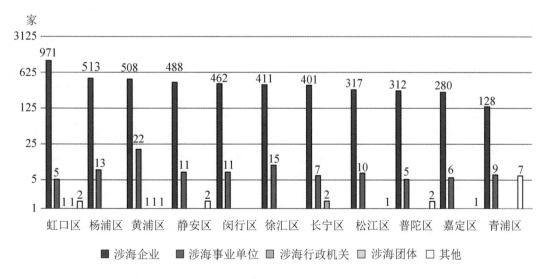

图 3-5　2015 年上海市非沿海区不同机构类型涉海法人单位分布情况(按区)

（五）不同登记注册类型的涉海法人单位情况（按海洋产业）

涉海法人单位根据登记注册类型可分为：内资、港澳台商投资、外商投资、其他。由于部分数据底册信息缺失，本部分数据分析基于 7328 家涉海法人单位。

根据海洋经济调查数据统计，内资涉海法人单位数 6866 家，占全市比重 93.7%；港澳台商投资 217 家，占全市比重 3%；外商投资 241 家，占比 3.3%；其他 4 家。（详见表 3 - 8）。

表 3 - 8　2015 年上海市涉海法人单位不同登记注册类型汇总（按海洋产业）

海洋产业	涉海法人单位(家)				
	内资	港澳台商投资	外商投资	其他	总计
海洋渔业	40	1	1		42
海洋水产品加工业	4	2	3		9
海洋油气业	1				1
海洋船舶工业	327	5	17		349
海洋工程装备制造业	89	7	23		119
海洋药物和生物制品业	17	1	1		19
海洋工程建筑业	19				19
海洋可再生能源利用业	8				8
海水利用业	4		1		5
海洋交通运输业	1355	143	112		1610
海洋旅游业	4736	50	63		4849
海洋科学研究	15	1	1		17
海洋教育	6				6
海洋管理	37			1	38
海洋技术服务业	79	4	14	2	99
海洋信息服务业	49	3	4		56
涉海金融服务业	16			1	17
海洋地质勘查业	8				8

（续表）

海洋产业	涉海法人单位（家）				
	内资	港澳台商投资	外商投资	其他	总计
海洋环境监测预报减灾服务	2				2
海洋生态环境保护	5		1		6
海洋社会团体与国际组织	4				4
涉海服务	45				45
合计	6866	217	241	4	7328

内资型涉海法人单位主要分布在海洋旅游业、海洋交通运输业、海洋船舶工业和海洋工程装备制造业，涉海法人单位数分别为4736家、1355家、327家和89家，总数占全市比重88.8%；另外海洋技术、海洋信息、涉海金融服务业单位数量分别为79家、49家、16家，占全市比重2.0%（详见图3-6）。

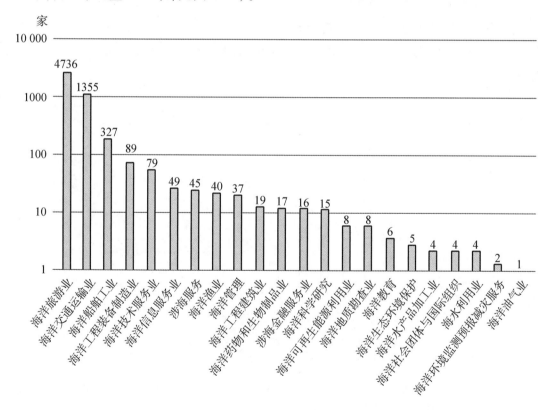

图3-6　2015年上海市涉海法人单位内资型分布情况（按海洋产业）

港澳台商投资型涉海法人单位主要分布在海洋交通运输业和海洋旅游业，分别为143家和50家，占全市比重2.6%（详见图3-7）。

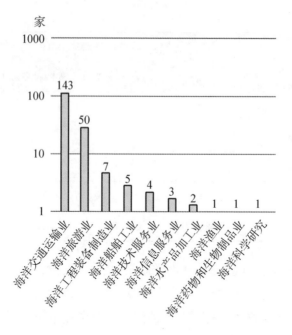

图 3-7　2015 年上海市涉海法人单位港澳台商投资型分布情况(按海洋产业)

外商独资型涉海法人单位主要分布在海洋交通运输业,有 112 家,占全市比重 1.5%;海洋旅游业、海洋工程装备制造业、海洋船舶工业涉海法人单位数分别为 63 家、23 家和 17 家(详见图 3-8)。

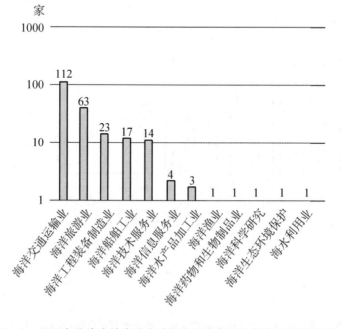

图 3-8　2015 年上海市涉海法人单位外商独资型分布情况(按海洋产业)

（六）不同登记注册类型的涉海法人单位情况（按区域）

涉海法人单位根据不同登记注册类型,按区域分为沿海区和非沿海区。根据调查数据分析,沿海地区内资、港澳台商投资、外商独资和其他类型涉海法人单位数分别为2261家、48家、90家和2家;占全市比重分别为30.9%、0.7%、1.2%和0.03%。非沿海地区内资、港澳台商投资、外商独资和其他类型涉海法人单位数分别为4605家、169家、151家和2家;占全市比重分别为62.8%、2.3%、2.1%和0.03%(详见表3-9)。

表 3 - 9　2015 年上海市不同登记注册类型涉海法人单位分组汇总(按区域)

区域	区	涉海法人单位(家)				
		内资	港澳台商投资	外商独资	其他	共计
沿海区	浦东新区	1339	39	78	2	1458
	宝山区	365	3	3		371
	金山区	155	2	4		161
	奉贤区	194	2	4		200
	崇明区	208	2	1		211
	小计	2261	48	90	2	2401
非沿海区	黄浦区	475	32	26		533
	徐汇区	407	5	14		426
	长宁区	347	34	29		410
	静安区	467	17	17		501
	普陀区	308	6	5		319
	虹口区	897	52	30	1	980
	杨浦区	517	3	6		526
	闵行区	450	11	11	1	473
	嘉定区	281	4	2		287
	松江区	318	2	8		328
	青浦区	138	3	3		144
	小计	4605	169	151	2	4927

（续表）

区域	区	涉海法人单位（家）				
		内资	港澳台商投资	外商独资	其他	共计
合计		6866	217	241	4	7328

沿海区内资、港澳台商投资、外商独资涉海法人单位主要分布在浦东新区,分别为1339 家、39 家、78 家,占全市比重分别为 18.3%、0.5%、1.1%。

宝山区、崇明区、奉贤区、金山区内资涉海法人单位分别为 365 家、208 家、194 家、155 家,占全市比重分别为 5.0%、2.8%、2.6%、2.1%;港澳台商投资和外商独资涉海法人单位数量较少(详见图 3-9)。

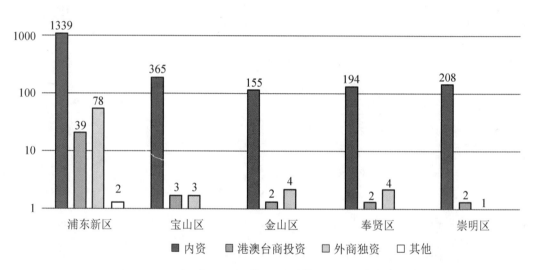

图 3-9   2015 年上海市沿海区不同登记注册类型涉海法人单位分布情况(按区)

非沿海区内资、港澳台商投资、外商独资涉海法人单位主要分布在虹口区,分别为897 家、52 家、30 家,占全市比重分别为 12.2%、0.7%、0.4%。

杨浦区、黄浦区、静安区、闵行区、徐汇区、长宁区、松江区、普陀区、嘉定区和青浦区内资涉海法人单位分别为 517 家、475 家、467 家、450 家、407 家、347 家、318 家、308 家、281 家和 138 家,占全市比重分别为 7.1%、6.5%、6.4%、6.1%、5.6%、4.7%、4.3%、4.2%、3.8%和 1.9%。

长宁区、黄浦区、静安区、闵行区港澳台商投资涉海法人单位分别为 34 家、32 家、17家、11 家;其他非沿海区则数量较少。

长宁区、黄浦区、静安区、徐汇区、闵行区外商独资涉海法人单位分别为 29 家、26家、17 家、14 家、11 家;其他非沿海区则数量较少。(详见图 3-10)

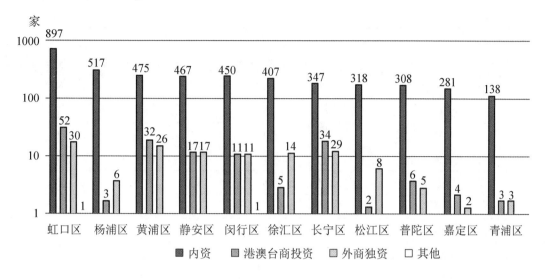

图 3－10　2015 年上海市非沿海区不同登记注册类型涉海法人单位分布情况(按区)

(七) 不同隶属关系的涉海法人单位情况(按海洋产业)

根据隶属关系不同,涉海法人单位分为中央、省(自治区、直辖市)、地(区、市)、县(区)和其他。

根据调查数据统计,全市隶属中央、省(自治区、直辖市)、地(区、市)、县(区)和其他的涉海单位数分别为 173 家、288 家、256 家、43 家和 6568 家,占全市比重分别为 2.4%、3.9%、3.5%、0.6%和 89.6%(详见表 3－10)。

表 3－10　2015 年上海市不同隶属关系涉海法人单位分组汇总(按海洋产业)

海洋产业	涉海法人单位(家)					
	中央	省(自治区、直辖市)	地(区、市)	县(区)	其他	共计
海洋渔业		4	3		35	42
海洋水产品加工业					9	9
海洋油气业		1				1
海洋船舶工业	22	9	3		315	349
海洋工程装备制造业	1	15	3		100	119
海洋药物和生物制品业		5	1		13	19
海洋工程建筑业	6	1	2		10	19
海洋可再生能源利用业	1		1	1	5	8
海水利用业	4	1				5
海洋交通运输业	49	42	31	1	1487	1610
海洋旅游业	42	175	194	37	4401	4849

（续表）

海洋产业	涉海法人单位(家)					
	中央	省(自治区、直辖市)	地(区、市)	县(区)	其他	共计
海洋科学研究	6	3			8	17
海洋教育	2	3			1	6
海洋管理	13	10	12	2	1	38
海洋技术服务业	14	9	4		72	99
海洋信息服务业	3	1			52	56
涉海金融服务业	5	3			9	17
海洋地质勘查业	4	1			3	8
海洋环境监测预报减灾服务	1				1	2
海洋生态环境保护		2	1	1	2	6
海洋社会团体与国际组织		1	1	1	1	4
涉海服务		2			43	45
合计	173	288	256	43	6568	7328

隶属中央的涉海法人单位主要分布在海洋交通运输业和海洋旅游业,分别为49家和42家;海洋船舶工业、海洋技术服务业、海洋管理涉海法人单位分别为22家、14家、13家;其他海洋产业数量较少(详见图3-11)。

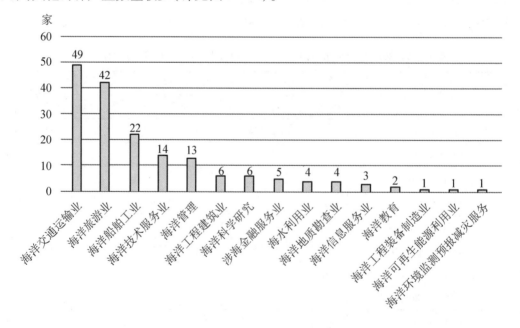

图3-11　2015年上海市隶属中央的涉海法人单位分布情况(按海洋产业)

隶属省(自治区、直辖市)的涉海法人单位主要分布在海洋旅游业,有175家,占全市比重2.4%;海洋交通运输业、海洋工程装备制造业、海洋管理涉海法人单位数分别为42家、15家、10家;其他海洋产业数量较少(详见图3-12)。

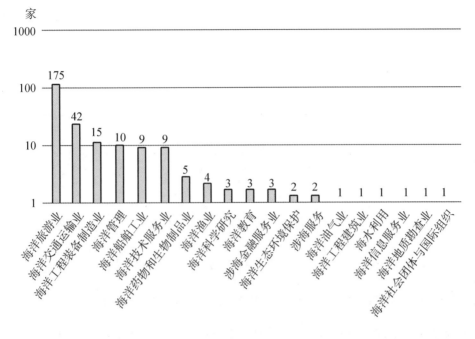

图3-12 2015年上海市隶属直辖市的涉海法人单位分布情况(按海洋产业)

隶属地(区、市)的涉海法人单位主要分布在海洋旅游业,为194家,占全市比重2.6%;海洋交通运输业、海洋管理涉海法人单位分别为31家、12家;其他海洋产业单位数量较少(详见图3-13)。

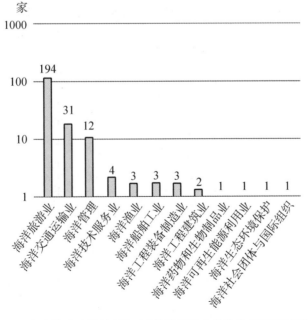

图3-13 2015年上海市隶属地(区、市)的涉海法人单位分布情况(按海洋产业)

隶属县(区)的涉海法人单位中,海洋旅游业的单位数量最多,为37家;其他海洋产业的单位数都较少(详见图3-14)。

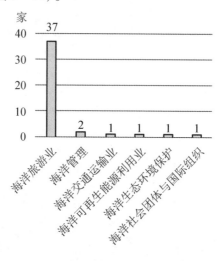

图3-14　2015年上海市隶属县(区)的涉海法人单位分布情况(按海洋产业)

(八) 不同隶属关系的涉海法人单位情况(按地区分组)

根据海洋经济调查数据统计,按隶属关系分组,沿海区2401家,占全市比重32.8%;非沿海区4927家,占全市比重67.2%(详见表3-11)。

表3-11　2015年上海市不同隶属关系的涉海法人单位分组汇总(按区域)

区域	区	涉海法人单位(家)					
		中央	省(自治区、直辖市)	地(区、市、州)	县(区、市)	其他	共计
沿海区	浦东新区	62	56	48	3	1289	1458
	宝山区	5	14	15	1	336	371
	金山区	5	1	14	3	138	161
	奉贤区	0	5	8	2	185	200
	崇明区	8	4	3	19	177	211
	小计	80	80	88	28	2125	2401
非沿海区	黄浦区	14	46	37	2	434	533
	徐汇区	17	44	13	1	351	426
	长宁区	10	27	13	3	357	410
	静安区	7	28	21	3	442	501
	普陀区	7	9	8	2	293	319
	虹口区	23	23	21	2	911	980
	杨浦区	15	19	11	0	481	526

（续表）

区域	区	涉海法人单位（家）					
		中央	省（自治区、直辖市）	地（区、市、州）	县（区、市）	其他	共计
非沿海区	闵行区	0	5	11	0	457	473
	嘉定区	0	2	12	0	273	287
	松江区	0	4	12	2	310	328
	青浦区	0	1	9	0	134	144
	小计	93	208	168	15	4443	4927
合计		173	288	256	43	6568	7328

　　根据调查数据分析,沿海区隶属中央、省（自治区、直辖市）、地（区、市、州）、县（区、市）和其他的涉海法人单位数分别为80家、80家、88家、28家和2125家;占全市比重分别为1.1%、1.1%、1.2%、0.4%和29%。

　　其中,隶属中央的涉海法人单位分别为浦东新区62家、崇明区8家、宝山区和金山区各5家;隶属省（自治区、直辖市）的涉海法人单位分别为浦东新区56家、宝山区14家、奉贤区5家、崇明区4家和金山区1家;隶属地（区、市、州）的涉海法人单位分别为浦东新区48家、宝山区15家、金山区14家、奉贤区8家和崇明区3家;隶属县（区、市）的涉海法人单位分别为崇明区19家、浦东新区3家、金山区3家、奉贤区2家和宝山区1家(详见图3-15)。

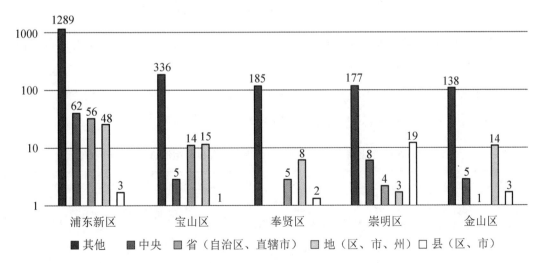

图3-15　2015年上海市沿海区不同隶属关系涉海企业分布情况（按区）

非沿海区涉海法人单位隶属中央、省（自治区、直辖市）、地（区、市、州）、县（区、市)和其他的涉海法人单位数分别为 93 家、208 家、168 家、15 家和 4443 家;占全市比重分别为 1.3%、2.8%、2.3%、0.2%和 60.6%。

　　其中,隶属中央的涉海法人单位主要分布在虹口区、徐汇区、杨浦区、黄浦区和长宁区,分别为 23 家、17 家、15 家、14 家和 10 家;隶属省(自治区、直辖市)的涉海法人单位主要分布在黄浦区、徐汇区、静安区、长宁区、虹口区和杨浦区,分别为 46 家、44 家、28 家、27 家、23 家和 19 家;隶属地(区、市、州)的涉海法人单位主要分布在黄浦区、虹口区、静安区、长宁区、徐汇区,分别为 37 家、21 家、21 家、13 家、13 家,其他区数量较少(详见图 3 - 16)。

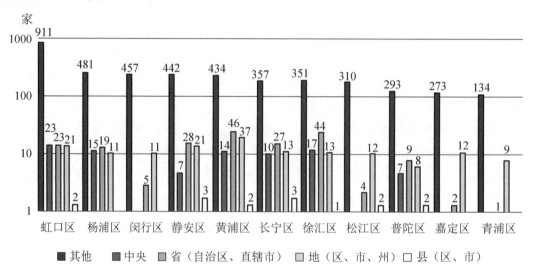

图 3 - 16　2015 年上海市非沿海区涉海企业按隶属关系分布情况(按区)

(九) 不同控股情况的涉海法人单位情况(按海洋产业)

　　根据控股情况不同,涉海法人单位分为国有、集体、私人、港澳台商、外商控股及其他。

　　根据调查数据分析,全市涉海法人单位按控股情况分为国有控股 689 家、集体控股 245 家、私人控股 5437 家、港澳台商控股 194 家、外商控股 211 家以及其他 552 家,分别占全市比重的 9.4%、3.3%、74.2%、2.6%、2.9%及 7.5%(详见表 3 - 12)。

表 3 - 12　2015 年上海市不同控股情况涉海法人单位分组汇总(按海洋产业)

海洋产业	涉海法人单位(家)						
	国有控股	集体控股	私人控股	港澳台商控股	外商控股	其他	共计
海洋渔业	7	0	7	1	1	26	42
海洋水产品加工业	0	0	4	2	3	0	9

（续表）

海洋产业	涉海法人单位（家）						
	国有控股	集体控股	私人控股	港澳台商控股	外商控股	其他	共计
海洋油气业	1	0	0	0	0	0	1
海洋船舶工业	33	8	280	3	13	12	349
海洋工程装备制造业	9	4	73	5	20	8	119
海洋药物和生物制品业	2	1	12	1	1	2	19
海洋工程建筑业	10	0	9	0	0	0	19
海洋可再生能源利用业	8	0	0	0	0	0	8
海水利用业	5	0	0	0	0	0	5
海洋交通运输业	117	18	1175	133	94	73	1610
海洋旅游业	431	210	3747	42	63	356	4849
海洋科学研究	5	1	5	1	1	4	17
海洋教育	3	0	1	0	0	2	6
海洋管理	7	0	0	0	0	31	38
海洋技术服务业	27	1	33	3	11	24	99
海洋信息服务业	4	0	43	3	4	2	56
涉海金融服务业	8	0	6	0	0	3	17
海洋地质勘查业	4	0	2	0	0	0	8
海洋环境监测预报减灾服务	1	0	1	0	0	0	2
海洋生态环境保护	5	0	1	0	0	0	6
海洋社会团体与国际组织	0	0	0	0	0	4	4
涉海服务	2	2	38	0	0	3	45
合计	689	245	5437	194	211	552	7328

　　国有控股的涉海法人单位主要分布在海洋旅游业,为431家;其次是海洋交通运输业117家;海洋船舶工业、海洋技术服务业、海洋工程建筑业涉海单位数分别为33家、27家、10家,其他海洋产业数量较少(详见图3-17)。

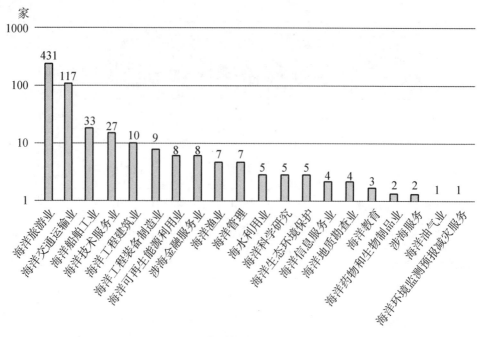

图 3-17　2015 年上海市国有控股的涉海法人单位分布情况(按海洋产业)

集体控股的涉海法人单位也同样主要分布在海洋旅游业,为 210 家;其次是海洋交通运输业 18 家(详见图 3-18)。

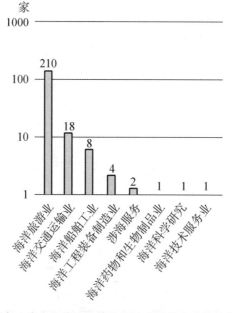

图 3-18　2015 年上海市集体控股的涉海法人单位分布情况(按海洋产业)

私人控股的涉海法人单位主要分布在海洋旅游业和海洋交通运输业,单位数分别为 3747 家和 1175 家;海洋船舶工业、海洋工程装备制造业、海洋信息服务业、涉海服务、海洋技术服务业以及海洋药物和生物制品业涉海单位数分别为 280 家、73 家、43

家、38 家、33 家和 12 家;其他海洋产业涉海单位数较少(详见图 3−19)。

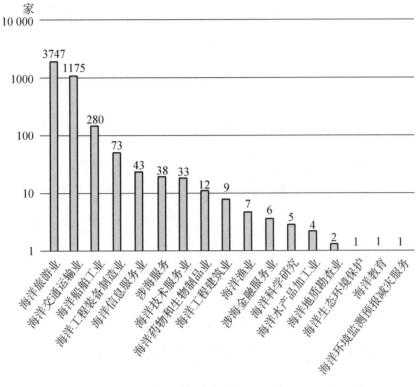

图 3−19 2015 年上海市私人控股的涉海法人单位分布情况(按海洋产业)

港澳台商控股的涉海法人单位主要分布在海洋交通运输业,为 133 家;其次是海洋旅游业 42 家,其他数量较少(详见图 3−20)。

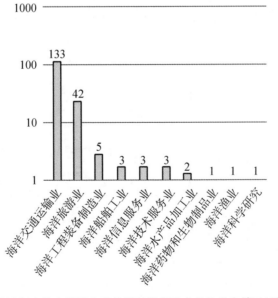

图 3−20 2015 年上海市港澳台商控股的涉海法人单位分布情况(按海洋产业)

外商控股的涉海法人单位主要分布在海洋交通运输业和海洋旅游业,单位数分别为 94 家和 63 家;海洋工程装备制造业、海洋船舶工业、海洋技术服务业涉海单位数分别为 20 家、13 家、11 家,其他数量较少(详见图 3－21)。

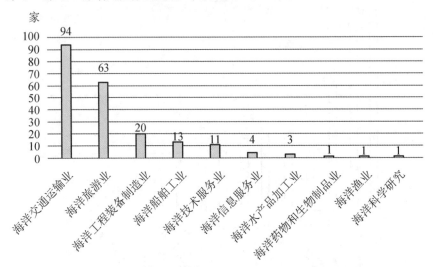

图 3－21　2015 年上海市外商控股的涉海法人单位分布情况(按海洋产业)

(十) 按控股情况分组的涉海法人单位情况(按区域)

根据海洋经济调查数据统计,按控股情况分组,沿海区涉海单位 2401 家,占全市比重 32.8%;非沿海区涉海单位 4927 家,占全市比重 67.2%(详见表 3－13)。

表 3－13　2015 年上海市不同控股情况涉海法人单位分组汇总(按区域)

区域	区	涉海法人单位(家)						
		国有控股	集体控股	私人控股	港澳台商控股	外商控股	其他	共计
沿海区	浦东新区	135	42	1082	30	61	108	1458
	宝山区	24	19	311	1	2	14	371
	金山区	10	7	91	2	3	48	161
	奉贤区	9	11	155	2	4	19	200
	崇明区	26	12	148	0	1	24	211
	小计	204	91	1787	35	71	213	2401
非沿海区	黄浦区	94	18	325	28	24	44	533
	徐汇区	77	16	296	4	13	20	426
	长宁区	49	18	223	33	28	59	410
	静安区	59	22	363	15	16	26	501
	普陀区	34	18	238	5	5	19	319
	虹口区	76	12	764	52	23	53	980

（续表）

区域	区	涉海法人单位（家）						
		国有控股	集体控股	私人控股	港澳台商控股	外商控股	其他	共计
非沿海区	杨浦区	46	4	438	3	4	31	526
	闵行区	16	17	367	9	13	51	473
	嘉定区	7	13	252	4	2	9	287
	松江区	12	7	285	3	8	13	328
	青浦区	15	9	99	3	4	14	144
	小计	485	154	3650	159	140	339	4927
合计		689	245	5437	194	211	552	7328

沿海区国有、集体、私人、港澳台商、外商以及其他控股的涉海法人单位数分别为204家、91家、1787家、35家、71家及213家；占全市比重分别为2.8%、1.2%、24.4%、0.5%、1.0%、2.9%。

其中，国有控股的涉海法人单位分别为浦东新区135家、宝山区24家、金山区10家、奉贤区9家和崇明区26家；集体控股的涉海法人单位分别为浦东新区42家、宝山区19家、金山区7家、奉贤区11家和崇明区12家；私人控股的涉海法人单位量分别为浦东新区1082家、宝山区311家、金山区91家、奉贤区155家和崇明区148家；港澳台商控股和外商控股的涉海法人单位主要分布在浦东新区，分别为30家和61家，其他区数量较少（详见图3－22）。

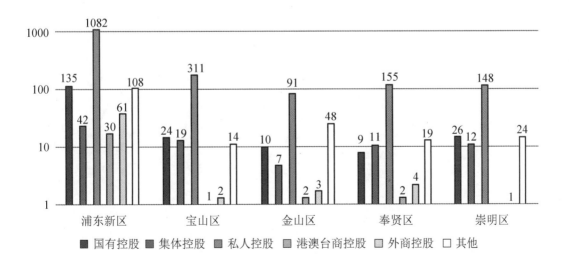

图3－22　2015年上海市沿海区不同控股情况涉海企业分布情况（按区）

非沿海区属国有、集体、私人、港澳台商、外商以及其他控股的涉海法人单位数分别为 485 家、154 家、3650 家、159 家、140 家及 339 家;占全市比重分别为 6.6%、2.1%、49.8%、2.2%、1.9% 及 4.6%(详见图 3 - 23)。

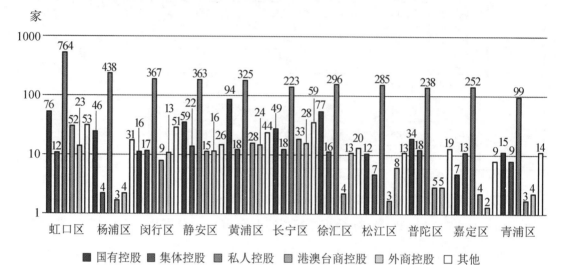

图 3 - 23　2015 年上海市非沿海区涉海企业按控股情况分布情况(按区)

第四章 上海市重点海洋产业发展状况

通过涉海单位清查形成的上海市涉海单位名录中共有涉海单位 7494 家,经过核实,海洋产业须填报报表单位为 7222 家。其中,7004 家涉海企业,有效填报投融资情况4758 家,上市公司 18 家;有效填报研发活动情况 173 家;涉海科研机构 19 家,有效填报9 家;涉海院校 13 家,有效填报 10 家。

第一节 海洋渔业

一、海洋渔业企业调查情况

通过涉海单位清查获知海洋渔业法人单位共 42 家,核实后须填报报表单位 38 家,经产业调查获取有效数据法人单位 19 家,占比 50%。

根据海洋产业调查数据统计,2015 年全市海洋渔业法人单位数较多的区是浦东新区、杨浦区。其中,浦东新区海洋渔业法人单位数最多,共 10 家,占全市比重52.6%;杨浦区海洋渔业法人单位数为 4 家,占全市比重 21.1%。另外,崇明区、宝山区、金山区、青浦区、奉贤区海洋渔业单位数各为 1 家,均占全市比重 5.3%。按区域分,沿海区海洋渔业涉海法人单位数 14 家,占全市比重 73.7%;非沿海区海洋渔业法人单位数 5 家,占全市比重 26.3%。海洋渔业涉海法人单位主要集中在沿海地区(详见表 4-1、图 4-1)。

表 4-1 2015 年上海市海洋渔业涉海法人单位数汇总

区域	区	涉海法人单位(家)	占全市比重
沿海区	浦东新区	10	52.6%
	金山区	1	5.3%
	崇明区	1	5.3%
	奉贤区	1	5.3%
	宝山区	1	5.3%
	小计	14	

（续表）

区域	区	涉海法人单位(家)	占全市比重
非沿海区	青浦区	1	5.3%
	杨浦区	4	21.1%
	小计	5	
合计		19	

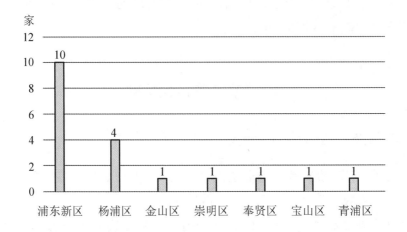

图 4 - 1　2015 年上海市海洋渔业涉海法人单位各区分布情况

二、海洋渔业涉海法人单位生产经营情况

　　根据海洋渔业调查数据统计,本次填报海水养殖产量有效数据的单位为 4 家,均为水产养殖合作社,其中 1 家为直接标识认定单位(上海晓麟水产养殖专业合作社),位于奉贤区,海水养殖产量达 7461 吨,占全市比重 95.6%;浦东新区、宝山区海水养殖产量分别为 251.5 吨、91 吨,分别占全市比重 3.2%、1.2%。本市存在零星小规模的水产养殖活动,由于区域位置复杂,渔业管理部门一直未认定是否为海水养殖活动。在涉海单位清查及数据采集、核实过程中调查对象坚持认为自己涉及海水养殖,并填报数据。基于尊重全国调查办认定及调查对象填报的原则,本市调查机构经审核后如实上报填报数据,但考虑到规模等诸多因素,在常态化海洋经济统计工作中仍与渔业部门共享数据。

　　海洋捕捞(近海捕捞)产量主要集中在金山区、浦东新区和崇明区。其中,金山区海洋捕捞产量最多,达 6854 吨,占全市比重 78.2%;其次为浦东新区和崇明区,海洋捕捞产量分别是 1713 吨和 200 吨,占全市比重分别是 19.5% 和 2.3%。因海洋捕捞以小微企业为主,部分企业存在拒报或无法填报的情况,故统计汇总数据较统计年鉴数据偏小。

远洋捕捞产量集中在杨浦区和浦东新区,其中杨浦区远洋捕捞产量最多,达145 837吨,占全市比重99.8%;其余为浦东新区,远洋捕捞产量340吨,占全市比重0.2%(详见表4-2、图4-2)。

表4-2 2015年上海市海水养殖、海洋捕捞、远洋捕捞产量汇总

区域	区	海水养殖		海洋捕捞		远洋捕捞	
		产量(吨)	占全市比重	产量(吨)	占全市比重	产量(吨)	占全市比重
沿海区	浦东新区	251.5	3.2%	1713	19.5%	340	0.2%
	崇明区			200	2.3%		
	宝山区	91	1.2%				
	金山区			6854	78.2%		
	奉贤区	7461	95.6%				
	小计	7803.5		8767		340	
非沿海区	杨浦区					145 837	99.8%
	小计					145 837	
合计		7803.5		8767		146 177	

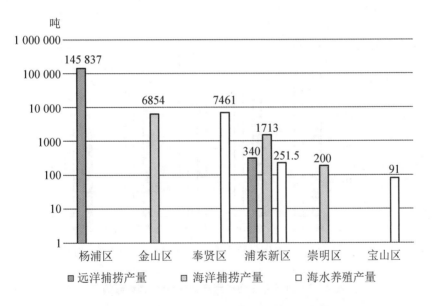

图4-2 2015年上海市海水养殖、海洋捕捞、远洋捕捞产量情况

根据海洋渔业调查数据统计,全市海产品销售量集中在杨浦区、金山区、奉贤区、浦东新区和崇明区。其中,杨浦区海产品销售量最多,达139 314吨,占全市比重91.2%;其次为金山区5723吨,占全市比重3.7%;奉贤区、浦东新区和崇明区海产品销售量分别是5300吨、2138.5吨和200吨,占全市比重分别是3.5%、1.4%和0.1%。

杨浦区海产品销售额达 144 258.7 万元,占全市比重 92.9%;其次为金山区 4227 万元,占全市比重 2.7%;浦东新区、奉贤区、崇明区海产品销售额分别是 3389.2 万元、2984 万元、350 万元,占全市比重分别是 2.2%、1.9%、0.2%(详见表 4-3、图 4-3)。

表 4-3   2015 年上海市海产品销售量、销售额汇总

区域	区	海产品销售量		海产品销售额	
		数量(吨)	占全市比重	金额(万元)	占全市比重
沿海区	金山区	5723	3.7%	4227	2.7%
	奉贤区	5300	3.5%	2984	1.9%
	浦东新区	2138.5	1.4%	3389.2	2.2%
	崇明区	200	0.1%	350	0.2%
	小计	13 361.5		10 950.2	
非沿海区	杨浦区	139 314	91.2%	144 258.7	92.9%
	小计	139 314		144 258.7	
合计		152 675.5		155 208.9	

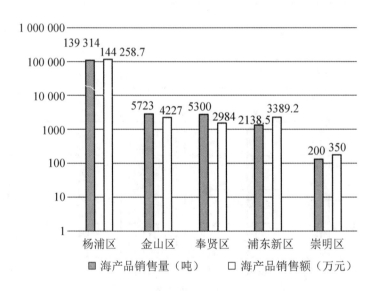

图 4-3   2015 年上海市海产品销售量、销售额情况

渔业灾情直接经济损失为 366 万元,主要集中在浦东新区。浦东新区直接经济损失 364 万元,占全市比重 99.5%;其余为杨浦区 2 万元,占全市比重 0.5%。

三、海洋渔业龙头企业情况

根据海洋渔业法人单位填报报表数据统计,本市海洋渔业法人单位主要集中在上海水产集团有限公司旗下的上海开创国际海洋资源股份有限公司、上海开创远洋渔业有限

公司、上海蒂尔远洋渔业有限公司及上海金优远洋渔业有限公司等子公司。上海开创远洋渔业有限公司成立于2007年12月,主营业务为远洋渔业捕捞,兼营自捕水产品进出口、渔需物资设备进出口及技术进出口业务。上海蒂尔远洋渔业有限公司成立于1996年12月,是集远洋捕捞和相关鱼货加工、销售以及物料供应于一体的外向型企业。

上海水产集团有限公司旗下4家公司远洋捕捞产量占全市比重99.8%;销售额占全市总量的大部分。

第二节　海洋水产品加工业

一、海洋水产品加工企业调查情况

通过涉海单位清查获知海洋水产品加工业法人单位9家,核实后须填报报表9家,经产业调查实际获取有效数据法人单位4家,占全市比重44.4%。

根据海洋产业调查数据统计,2015年全市海洋水产品加工业法人单位主要分布在杨浦区、浦东新区、金山区和宝山区,每个区均为1家。按区域分,沿海区3家,占全市比重75%;非沿海区1家,占全市比重25%(详见表4-4)。

表4-4　2015年上海市海洋水产品加工业法人单位数汇总

区域	区	法人单位(家)	占全市比重
沿海区	浦东新区	1	25.0%
	金山区	1	25.0%
	宝山区	1	25.0%
	小计	3	
非沿海区	杨浦区	1	25.0%
	小计	1	
合计		4	

二、海洋水产品加工企业生产经营情况

根据海洋水产品加工业调查数据统计,全市水产品加工量集中在杨浦区、宝山区和浦东新区。其中,杨浦区水产品年加工产品最多,达16 000吨,占全市水产品加工产量比重96.3%,且全为海产品加工;金山区、宝山区和浦东新区水产品加工产量分别为500吨、100吨、20吨,占全市比重分别为3.0%、0.6%、0.1%,且全为海产品加工。调查对象反映无法从水产品加工中剥离海产品数量,因此在报表中"水产品年加工产量"和"海产品加工产量"两项指标数据相同,导致汇总数据偏大(详见表4-5、图4-4)。

表 4-5　2015 年上海市水产品和海产品加工产量汇总

区域	区	水产品		其中:海产品	
		年加工产量(吨)	占全市比重	年加工产量(吨)	占全市比重
沿海区	浦东新区	20	0.1%	20	0.1%
	金山区	500	3.0%	500	3.0%
	宝山区	100	0.6%	100	0.6%
	小计	620		620	
非沿海区	杨浦区	16 000	96.3%	16 000	96.3%
	小计	16 000		16 000	
合计		16 620		16 620	

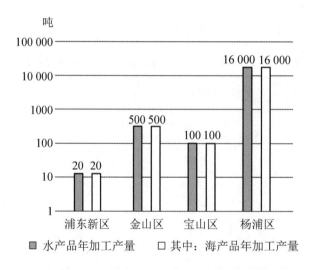

图 4-4　2015 年上海市水产品和海产品加工产量情况

三、海洋渔业龙头企业情况

根据上海市海洋渔业企业填报的报表分析,全市重点海洋水产品加工业企业有上海金优远洋渔业有限公司等。

上海金优远洋渔业有限公司是上海水产集团有限公司下属的远洋渔业企业,是一家集远洋捕捞、水产品销售于一体的国有控股企业,在阿根廷、斐济、日本设立了境外公司。调查数据显示,该公司水产品年加工产量占全市总量的大部分。

第三节　海洋船舶工业

一、海洋船舶工业企业调查情况

通过涉海单位清查获知海洋船舶工业法人单位349家,经过核实后须填报报表310家,通过产业调查获取有效数据单位数为109家,占全市比重35.26%。

根据海洋产业调查数据统计,2015年全市海洋船舶工业法人单位数主要集中在浦东新区和崇明区两个沿海区,其他8个区有少量分布。其中,浦东新区有海洋船舶工业法人单位46家,占全市比重42.2%;崇明区有28家,占全市比重25.7%。按区域分,2015年全市沿海区海洋船舶工业法人单位数91家,占全市比重83.5%;非沿海区海洋船舶工业法人单位数18家,占全市比重16.5%(详见表4-6、图4-5)。

表4-6　上海市海洋船舶工业法人单位汇总

区域	区	涉海法人单位(家)	占全市比重
沿海区	浦东新区	46	42.2%
	金山区	3	2.8%
	崇明区	28	25.7%
	奉贤区	5	4.6%
	宝山区	9	8.3%
	小计	91	
非沿海区	青浦区	4	3.7%
	杨浦区	7	6.4%
	徐汇区	1	0.9%
	闵行区	4	3.7%
	松江区	2	1.8%
	小计	18	
合计		109	

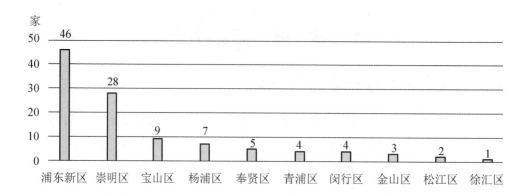

家

图 4 - 5   2015 年上海市海洋船舶工业法人单位情况

二、海洋船舶工业企业生产经营情况

根据调查数据分析,2015 年全市船舶工业总产值 634.72 亿元,民用船舶制造总产值 335.8 亿元,主要集中在浦东新区、崇明区和徐汇区。浦东新区、崇明区海洋船舶工业总产值分别为 354.75 亿元、264.08 亿元,占全市比重分别为 55.9%、41.6%,其中民用船舶制造总产值分别为 203.17 亿元、127.17 亿元,占全市比重分别为 60.5%、37.9%(详见表 4 - 7、图 4 - 6)。

表 4 - 7   2015 年上海市海洋船舶工业总产值、民用船舶制造产值汇总

区域	区	船舶工业		其中:民用船舶制造	
		总产值(万元)	占全市比重	产值(万元)	占全市比重
沿海区	浦东新区	3 547 467.7	55.9%	2 031 662.7	60.5%
	金山区	6593	0.1%	1700	0.1%
	崇明区	2 640 797.6	41.6%	1 271 688.2	37.9%
	奉贤区	12 469.5	0.2%	4897.8	0.2%
	宝山区	16 570	0.3%	5662	0.2%
	小计	6 223 897.8		3 315 610.7	
非沿海区	青浦区	221	0.0%	40	0.0%
	杨浦区	39 029.3	0.6%	1200	0.04%
	徐汇区	80 000	1.3%	40 000	1.2%
	闵行区	2497	0.04%	0	0
	松江区	1514.7	0.02%	1164.8	0.03%
	小计	123 262		42 404.8	
合计		6 347 159.8		3 358 015.5	

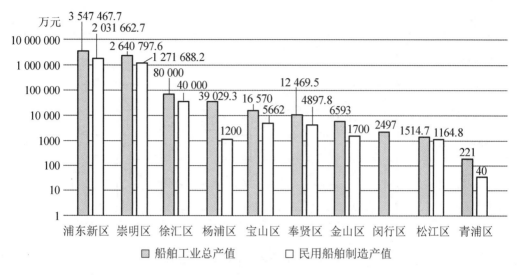

图 4‑6 2015 年上海市海洋船舶工业总产值、民用船舶制造产值情况

　　2015 年全市承接船舶订单合同金额主要集中在崇明区和浦东新区。其中,崇明区承接船舶订单合同金额 392.99 亿元,占全市承接船舶订单合同金额 55.3%;浦东新区317.07 亿元,占全市比重的 44.6%(详见图表 4‑8,图 4‑7)。

表 4‑8 2015 年上海市承接船舶订单合同金额汇总

区域	区	当年承接船舶订单合同	
		金额(万元)	占全市比重
沿海区	浦东新区	3 170 659.4	44.6%
	金山区	2225	0.03%
	崇明区	3 929 893	55.3%
	奉贤区	364.1	0.01%
	宝山区	4475	0.06%
	小计	7 107 616.5	
非沿海区	青浦区	50	0.00%
	杨浦区	399	0.01%
	闵行区	1911.2	0.03%
	松江区	1711.5	0.02%
	小计	4071.7	
合计		7 111 688.2	

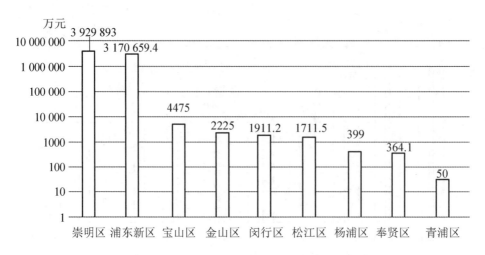

图4-7 2015年上海市承接船舶订单合同金额分布情况

2015年全市船舶修理完工量主要集中在浦东新区和崇明区,完工量分别为1154艘、941艘,分别占全市船舶修理完工总量的47.4%、38.6%。全市造船完工量主要分布在浦东新区和宝山区,完工量分别为345艘和113艘,占全市造船完工总量的62.4%和20.4%(详见表4-9,图4-8)。

汇总数据与海洋统计年鉴及相关部门掌握的2015年海洋船舶工业汇总数据偏差在8%以内,考虑到部分小微企业可能对填报指标理解不到位、部分企业存在漏报等情况,此偏差在合理范围内。

表4-9 2015年上海市船舶修理完工量、造船完工量汇总

区域	区	船舶修理完工量(艘)	占全市船舶修理完工量比重	造船完工量(艘)	占全市造船完工量比重
沿海区	浦东新区	1154	47.4%	345	62.4%
	金山区	22	0.9%	25	4.5%
	崇明区	941	38.6%	48	8.7%
	奉贤区	0	0	4	0.7%
	宝山区	20	0.8%	113	20.4%
	小计	2137		535	
非沿海区	青浦区	0	0	2	0.4%
	杨浦区	69	2.8%	0	0
	闵行区	188	7.7%	0	0
	松江区	43	1.8%	16	2.9%
	小计	300		18	
合计		2437		553	

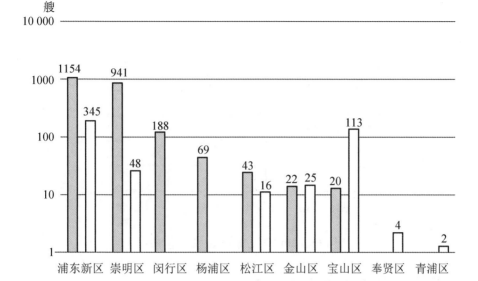

图 4 - 8　2015 年上海市船舶修理完工量、造船完工量情况

　　2015 年全市造船完工量主要集中在浦东新区,其造船完工量为 2.36 亿吨,占全市造船完工量 97.9%;其次是崇明区 249.6 万吨,占比 1.0%(详见表 4 - 10、图 4 - 9)。

表 4 - 10　2015 年上海市造船完工量汇总

区域	区	造船完工量(万吨)
沿海区	浦东新区	23 601.3
	金山区	100
	崇明区	249.6
	奉贤区	150
	宝山区	0.1
	小计	24 101
非沿海区	闵行区	10
	松江区	1.2
	小计	11.2
合计		24 112.2

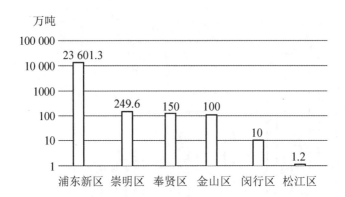

图 4 - 9   2015 年上海市造船完工量情况

三、海洋船舶工业龙头企业情况

中国船舶工业集团公司旗下江南造船（集团）有限责任公司、沪东中华造船（集团）有限公司、上海船厂船舶有限公司、上海外高桥造船有限公司为上海四大船企，处于中国船舶工业的龙头地位，根据海洋船舶工业调查数据统计，4 家船企及其下属企业工业总产值、手持船舶订单、造船完工量等均占全市总量的大部分。

第四节　海洋工程装备制造业

一、海洋工程装备制造企业调查情况

通过涉海单位清查获知海洋工程装备制造法人单位 119 家，核实后须填报报表 122 家，经海洋产业调查获取有效数据 54 家，占比 44.3%。

根据海洋产业调查数据统计，2015 年全市海洋工程装备制造业法人单位数集中在浦东新区、闵行区、崇明区和嘉定区。浦东新区海洋工程装备制造企业数最多，共 25 家，占全市海洋工程装备制造企业数的 46.3%；闵行区 8 家，占全市比重 14.8%；崇明区和嘉定区各 6 家，分别占全市比重 11.1%；金山区 5 家，占全市比重 9.3%；杨浦区 2 家，占全市比重 3.7%；宝山区和奉贤区各 1 家，分别占全市比重 1.9%；其他区无海洋工程装备制造企业。按区域分，2015 年全市海洋工程装备制造业法人单位主要集中在沿海区，共 38 家，占全市比重 70.4%；非沿海区共 16 家，占全市比重 29.6%（详见表 4 - 11、图 4 - 10）。

表 4－11 2015 年上海市海洋工程装备制造业法人单位汇总

区域	区	涉海法人单位（家）	占全市比重
沿海区	浦东新区	25	46.3%
	金山区	5	9.3%
	崇明区	6	11.1%
	奉贤区	1	1.9%
	宝山区	1	1.9%
	小计	38	
非沿海区	杨浦区	2	3.7%
	闵行区	8	14.8%
	嘉定区	6	11.1%
	小计	16	29.6%
合计		54	

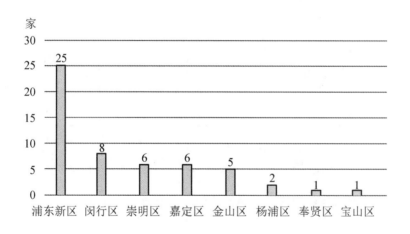

图 4－10 2015 年上海市海洋工程装备制造业法人单位数量情况

二、海洋工程装备制造企业生产经营情况

2015 年全市海洋工程装备制造业年订货总额 23.73 亿元,主要集中在浦东新区、崇明区、闵行区和嘉定区。其中,浦东新区海洋工程装备制造订货额最多,达 14.34 亿元,占全市比重 60.4%;崇明区 4.91 亿元,占全市比重 20.7%(详见表 4－12、图 4－11)。

表 4-12　2015 年上海市海洋工程装备制造业订货额汇总

区域	区	海洋工程装备制造业	
		本年订货额(万元)	占全市比重
沿海区	浦东新区	143 401.75	60.4%
	金山区	5738	2.4%
	崇明区	49 147.3	20.7%
	奉贤区	6573	2.8%
	小计	204 860.05	
非沿海区	杨浦区	5450	2.3%
	闵行区	16 788.2	7.1%
	嘉定区	10 248.4	4.3%
	小计	32 486.6	
合计		237 346.65	

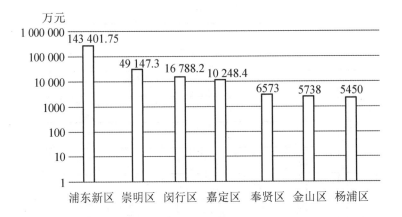

图 4-11　2015 年上海市海洋工程装备制造业订货额情况

第五节　海洋药物和生物制品业

一、海洋药物和生物制品企业调查情况

上海市通过涉海法人单位清查获知海洋药物和生物制品单位共 19 家,经过核实,须填报报表单位共 19 家,主要集中在闵行区和奉贤区;通过产业调查实际获取有效数据单位数为 14 家,占比为 73.7%。

二、海洋药物和生物制品企业生产经营情况

根据海洋产业调查数据统计,2015 年全市海洋药物和生物制品业产品种类数较多的是青浦区和闵行区。其中,青浦区海洋药物和生物制品产品种类数最多,有 7 种,占全市海洋药物和生物制品业产品种类总数的 38.9%;其次是闵行区,有 4 种,占比 22.2%(详见表 4 - 13、图 4 - 12)。

表 4 - 13   2015 年上海市海洋药物和生物制品业产品种类汇总

区域	区	产品种类	
		数量(种)	占全市比重
沿海区	浦东新区	2	11.1%
	金山区	2	11.1%
	奉贤区	2	11.1%
	小计	6	
非沿海区	青浦区	7	38.9%
	杨浦区	1	5.6%
	闵行区	4	22.2%
	小计	12	
合计		18	

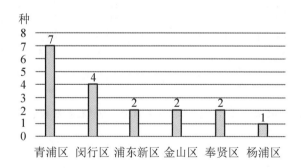

图 4 - 12   2015 年上海市海洋药物和生物制品业产品种类情况

2015 年全市海洋药物和生物制品业销售金额主要集中在闵行区和金山区,出口额仅在闵行区。其中,闵行区销售金额最多,达 2.11 亿元,占全市海洋药物和生物制品业销售金额的 69.7%,出口额为 2126.8 万元;金山区销售金额为 8200 万元,占比 27.1%(详见表 4 - 14、图 4 - 13)。

表 4-14   2015 年上海市海洋药物和生物制品业销售金额和出口额汇总

区域	区	销售金额(万元)	占全市比重	出口额(万元)	占全市比重
沿海区	浦东新区	7	0.1%		
	金山区	8200	27.1%		
	奉贤区	349	1.2%		
	小计	8556			
非沿海区	青浦区	178.9	0.6%		
	杨浦区	440.8	1.5%		
	闵行区	21 101	69.7%	2126.8	100.0%
	小计	21 720.7		2126.8	
合计		30 276.7		2126.8	

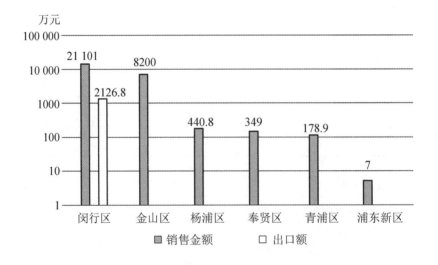

图 4-13   2015 年上海市海洋药物和生物制品业销售金额和出口额分布情况

第六节　海洋工程建筑业

一、海洋工程建筑企业调查情况

上海市通过涉海法人单位清查获知海洋工程建筑业单位共 19 家,经过核实须填报报表单位共 19 家,通过产业调查实际获取有效数据单位数为 11 家,占比 57.9%。

根据海洋产业调查数据统计,全市 2015 年海洋工程建筑业法人单位主要集中在浦东新区、宝山区和黄浦区。其中,浦东新区海洋工程建筑业法人单位最多,共 5 家,占全市比重 45.5%;其次是宝山区和黄浦区各 2 家,分别占全市比重 18.2%。按区域分,本市海洋工程建筑业法人单位主要集中在沿海区,共 7 家,占全市比重 63.6%;非沿海区共 4 家,占全市比重 36.4%(详见表 4－15、图 4－14)。

表 4－15　2015 年上海市海洋工程建筑业法人单位汇总

区域	区	涉海法人单位(家)	占全市比重
沿海区	浦东新区	5	45.5%
	宝山区	2	18.2%
	小计	7	
非沿海区	杨浦区	1	9.1%
	黄浦区	2	18.2%
	静安区	1	9.1%
	小计	4	
合计		11	

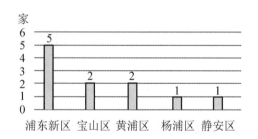

图 4－14　2015 年上海市海洋工程建筑业法人单位数量分布情况

二、海洋工程建筑企业生产经营情况

根据海洋产业调查数据统计,2015 年全市海洋工程建筑业工程产值主要集中在黄浦区、浦东新区、宝山区。黄浦区海洋工程建筑业工程产值最多,达 72.78 亿元,占全市比重 61.3%,其中海洋工程竣工产值 72.19 亿元,占全市比重 65.7%;其次是浦东新区,产值 32.53 亿元,占全市比重 27.4%,其中海洋工程竣工产值 32.26 亿元,占全市比重 29.3%;宝山区,产值 12 亿元,占全市比重 10.1%,其中海洋工程竣工产值 4 亿元,占全市比重 3.6%(详见表 4－16、图 4－15)。

表 4 - 16   2015 年上海市海洋工程建筑业工程产值、海洋工程竣工产值汇总

区域	区	海洋工程建筑业工程		海洋工程竣工	
		产值(万元)	占全市比重	产值(万元)	占全市比重
沿海区	浦东新区	325 287.9	27.4%	322 596.19	29.3%
	宝山区	120 035	10.1%	40 035	3.6%
	小计	445 322.9		362 631.19	
非沿海区	杨浦区	9629.7	0.8%	9629.7	0.9%
	黄浦区	727 778.5	61.3%	721 863.73	65.7%
	静安区	5219.4	0.4%	5219.4	0.5%
	小计	742 627.6		736 712.85	
合计		1 187 950.5		1 099 344.04	

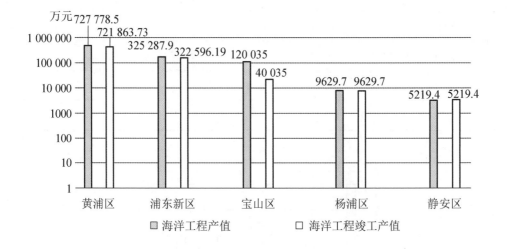

图 4 - 15   2015 年上海市海洋工程建筑业工程产值、海洋工程竣工产值情况

三、主要海洋工程建筑企业情况

根据海洋工程建筑业调查数据统计,2015 年全市重点海洋工程建筑业有中港疏浚有限公司、中交上海航道局有限公司和上海交通建设总承包有限公司等。

第七节   海洋可再生能源利用业

一、海洋可再生能源利用企业调查情况

通过涉海单位清查获知海洋可再生能源利用业单位共 8 家,经核实后须填报报表 8

家,经产业调查获取有效数据法人单位 4 家,占比为 50%。

　　根据海洋产业调查数据统计,2015 年全市海洋可再生利用业法人单位集中在杨浦区、浦东新区和黄浦区,其中杨浦区 2 家,占全市比重 50%;浦东新区、黄浦区各 1 家,分别占全市比重 25%。按区域分,沿海区海洋可再生能源利用业法人单位 1 家,占全市海洋可再生能源利用业法人单位数的 25%;非沿海区海洋可再生能源利用业法人单位数 3 家,占比 75%(详见表 4-17)。

表 4-17　2015 年上海市海洋可再生能源利用业法人单位汇总

区域	区	涉海法人单位(家)	占全市比重
沿海区	浦东新区	1	25.0%
	小计	1	
非沿海区	杨浦区	2	50.0%
	黄浦区	1	25.0%
	小计	3	
合计		4	

二、海洋可再生能源利用企业生产经营情况

　　2015 年全市海洋可再生能源利用业发电量和上网电量主要集中在杨浦区和浦东新区。其中,杨浦区海洋可再生能源利用业发电量达 35.24 万千瓦时,占全市海洋可再生能源利用业总发电量的 96.8%,上网电量 34.13 万千瓦时,占全市上网电量的 96.8%;浦东新区发电量达 1.16 万千瓦时,占全市比重 3.2%。上网电量 1.13 万千瓦时,占全市比重 3.2%(详见表 4-18、图 4-16)。

表 4-18　2015 年上海市海洋可再生能源利用业发电量和上网电量情况汇总

区域	区	发电量(千瓦时)	占全市发电量比重	上网电量(千瓦时)	占全市上网电量比重
沿海区	浦东新区	11 593	3.2%	11 283	3.2%
	小计	11 593		11 283	
非沿海区	杨浦区	352 429.4	96.8%	341 264.2	96.8%
	小计	352 429.4		341 264.2	
合计		364 022.4		352 547.2	

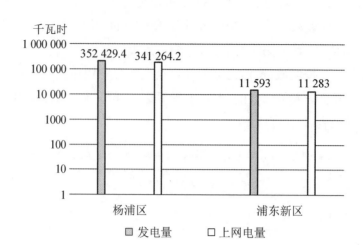

图 4 - 16   2015 年上海市海洋可再生能源利用业发电量、上网电量情况

2015 年全市海洋可再生能源利用业享受国家补贴情况的仅在浦东新区,补贴金额为 504.1 万元。

三、海洋可再生能源利用龙头企业情况

根据海洋可再生能源利用调查数据统计,2015 年全市海洋可再生能源利用业重点企业有上海临港海上风力发电有限公司和上海东海风力发电有限公司等。

第八节   海水利用业

一、海水利用企业调查情况

通过涉海单位清查获知海水利用业单位共 5 家,核实后须填报报表 5 家,经产业调查获取有效数据法人单位 5 家(均为火力发电厂或热电厂),占比为 100%。清查底册中的部分火力发电厂由于厂址位置、生产工艺等原因,在清查阶段认为未从事海水利用业务,按"否"填报,并经东海区调查办、全国调查办审定认可,未列入涉海单位名录中。

根据海洋产业调查数据统计,2015 年全市海水利用业法人单位集中在金山区、崇明区、黄浦区和浦东新区。其中,金山区海水利用业法人单位有 2 家,占全市比重 40%;崇明区、黄浦区、浦东新区海水利用业法人单位各 1 家,分别占全市比重 20%。按区域分,全市沿海区海水利用业法人单位 4 家,占全市比重 80%;非沿海区海水利用业法人单位 1 家,占全市比重 20%(详见表 4 - 19,图 4 - 17)。

表 4－19   2015 年上海市海水利用业法人单位汇总

区域	区	法人单位(家)	占全市比重
沿海区	浦东新区	1	20.0%
	金山区	2	40.0%
	崇明区	1	20.0%
	小计	4	
非沿海区	黄浦区	1	20.0%
	小计	1	
合计		5	

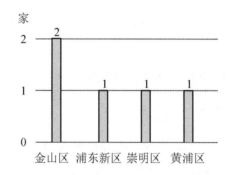

图 4－17   2015 年上海市海水利用业法人单位数量情况

二、海水利用企业生产经营情况

2015 年全市海水冷却用水量为 20.83 亿吨,主要集中在金山区、崇明区、黄浦区和浦东新区。其中,金山区海水冷却用水量达 10.21 亿吨,占全市比重 49%;黄浦区为 7.25 亿吨,占比 34.8%;浦东新区为 3 亿吨,占比 14.4%;崇明区为 0.36 亿吨,占比 1.7%(详见表 4－20、图 4－18)。

表 4－20   2015 年上海市海水利用业海水冷却用水量情况汇总表

区域	区	年海水利用(万吨)	占全市比重
沿海区	浦东新区	30 069	14.4%
	金山区	102 119.7	49.0%
	崇明区	3600	1.7%
	小计	135 788.7	

（续表）

区域	区	年海水利用（万吨）	占全市比重
非沿海区	黄浦区	72 495	34.8%
	小计	72 495	
合计		208 283.7	

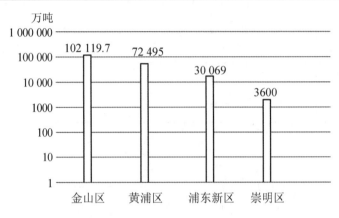

图 4-18　2015 年上海市海水利用业海水冷却用水量情况

三、海水利用龙头企业情况

根据已填报的产业表，2015 年全市海水利用业重点企业有上海上电漕泾发电有限公司、上海申能临港燃机发电有限公司等。

第九节　海洋交通运输业

一、海洋交通运输企业调查情况

通过涉海单位清查获知海洋交通运输业法人单位 1610 家，核实后须填报报表 1609 家，其中需要开展产业调查的海洋运输企业 130 家，海洋港口企业 24 家，海底管道运输企业 5 家，跨海大桥（海底隧道）2 座，有效填报分别为 45 家、13 家和 1 家；另有从事货运代理、物流代理等海洋运输辅助活动的单位 1450 家，无须填报产业调查表，只作企业投融资和科技创新情况调查。

根据海洋产业调查数据统计，全市 2015 年海洋交通运输业法人单位集中在浦东新区和虹口区。其中，浦东新区共 22 家，占全市比重 37.3%；虹口区共 21 家，占全市比重 35.6%。按区域分，沿海区海洋交通运输业法人单位 24 家，占全市比重 40.7%；非沿海区海洋交通运输业法人单位 35 家，占比 59.3%（详见表 4-21、图 4-19）。

表 4 - 21 2015 年上海市海洋交通运输业法人单位汇总

区域	区	法人单位（家）	占全市比重
沿海区	浦东新区	22	37.3%
	宝山区	2	3.4%
	小计	24	
非沿海区	杨浦区	4	6.8%
	黄浦区	3	5.1%
	静安区	1	1.7%
	徐汇区	1	1.7%
	长宁区	3	5.1%
	虹口区	21	35.6%
	闵行区	2	3.4%
	小计	35	
合计		59	

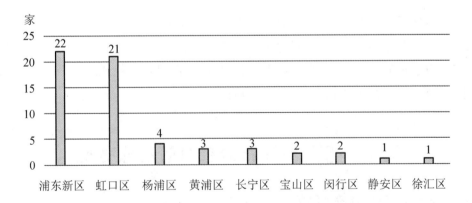

图 4 - 19 上海市海洋交通运输业法人单位数量分布情况

二、海洋交通运输龙头企业情况

从海洋运输经营情况看,2015 年中国远洋海运集团有限公司及旗下中远集装箱运输有限公司、中海油轮运输有限公司、上海中远航运有限公司等有效填报单位货运量、货物周转量、国际标准集装箱运量(箱数)、国际标准集装箱运量等均占全市总量的大部分。

从海洋港口经营情况看,上海国际港务(集团)股份有限公司及旗下子公司货物吞吐量、国际标准集装箱吞吐量均占全市总量的大部分。

第十节　海洋旅游业

一、部分海洋旅游企业调查情况

通过涉海单位清查获知海洋旅游业单位共 4893 家,数量居各海洋产业首位,其中饭店、旅馆等住宿企业 3498 家,旅行社 1202 家,公园、景点、纪念馆等其他单位 193 家。其中 2 家游艇产业涉海单位须开展产业调查,其余只作投融资及科研情况调查。经调查,游艇企业有效填报 1 家,占比 50%。

二、部分海洋旅游企业生产经营情况

根据海洋产业调查数据统计,全市 2015 年城市游艇服务企业会员人数 50 人。海洋主题会展情况:上海市海洋局举办了 2015 年上海海洋论坛、2015 年中国(上海)国际海洋技术与工程设备展览会。海洋节庆和民俗活动情况:上海市海洋局与浦东新区人民政府、临港开发区建设管理委员会共同举办了临港海洋节;上海金山区海洋局举办了海洋日主题活动;宝山区海洋局举办了海洋宣传日活动。

经调查,所有有效填报的海洋旅游企业均不涉及相关研发活动。从企业投融资情况来看,2015 年度企业贷款总额 77.46 亿元,占全市总量的 5.3%;购买财产险总额 1.72 亿元,占全市总量的 3.7%。占比相对海洋交通运输业和海洋船舶工业较小,这与海洋旅游业中住宿、旅行社企业较多且规模较小有一定关系。

第十一节　海洋科研教育管理服务业

一、涉海院校分布情况

通过海洋教育数据统计,全市获取数据的 11 所涉海院校,浦东新区 4 所,占全市比重 36.4%;杨浦区和松江区各 2 所,分别占全市比重 18.2%;徐汇区、闵行区、崇明区各 1 所,占全市比重 9.1%(详见表 4 - 22)。

表 4 − 22　上海市涉海院校汇总

区域	区	涉海院校(家)	占全市比重
沿海区	浦东新区	4	36.4%
	崇明区	1	9.1%
	小计	5	
非沿海区	杨浦区	2	18.2%
	徐汇区	1	9.1%
	闵行区	1	9.1%
	松江区	2	18.2%
	小计	6	
合计		11	

二、海洋教育情况

根据海洋产业调查数据统计,2015 年全市海洋领域专业教师共 2189 人。其中,高级职称 1086 人、中级职称 959 人、其他职称 144 人(详见表 4 − 23)。

表 4 − 23　2015 年上海市海洋领域专业教师数汇总(按职称)

区	专业教师(人)	高级职称(人)	中级职称(人)	其他职称(人)
浦东新区	1836	877	868	91
崇明区	57	3	8	46
杨浦区	110	80	25	5
徐汇区	104	75	29	
闵行区	55	44	11	
松江区	27	7	18	2
合计	2189	1086	959	144

2015 年全市海洋领域学生就业人数 10 058 人;海洋教育经费收入和支出分别为 24.31 亿元、23.31 亿元(详见表 4-24)。

表 4-24　2015 年上海市海洋领域学生就业人数以及海洋教育经费收入、支出汇总

区	学生就业人数(人)	经费收入总额(万元)	经费支出总额(万元)
浦东新区	9097	228 491.43	222 311.07
崇明区	559		
杨浦区	130	1609	899.1
徐汇区	107	9367	6781
闵行区	48	3184.51	3000
松江区	117	492.9	113.1
合计	10 058	243 144.84	233 104.27

第十二节　海洋相关产业调查情况

海洋相关产业是指以各种投入产出为联系纽带,与海洋产业构成技术经济联系的产业。本次海洋相关产业调查对象包含:涉海设备制造、海洋仪器制造、涉海产品再加工、涉海原材料制造、海洋新材料制造、涉海服务等部分海洋相关产业。

一、海洋相关产业抽样情况

根据《第一次全国海洋经济调查上海市实施方案》《海洋及相关产业调查技术规范》的要求,海洋相关产业采取抽样调查的方法,即按照分层、随机等距抽样方法,主要采用目录抽样,直接从海洋相关法人单位底册中抽取样本单位数量的 10% 作为调查对象,开展调查。市调查办抽取 6 个海洋相关产业共 1314 家。Ⅰ类法人单位是指生产的产品用于海洋开发活动所对应国民经济行业的法人单位,共 348 家(其中生产的产品应用于海洋开发活动的法人单位 23 家);Ⅱ类法人单位是指使用海水水产品或海洋油气进行生产或经营所对应国民经济行业的法人单位,共 966 家(使用海水水产品或海洋油气进行生产或经营的法人单位数为 554 家)。

二、海洋相关产业生产情况

上海市沿海与非沿海地区的部分海洋相关产业的法人单位,包括Ⅰ类和Ⅱ类法人单位。其中,Ⅰ类法人单位是指生产的产品应用于海洋开发活动的法人单位,Ⅱ类法人单位是指使用海水水产品或海洋油气进行生产或经营的法人单位。

(一)海洋相关产业Ⅰ类法人单位汇总情况

海洋开发活动是指直接从海洋中获取产品的生产和服务活动,直接从海洋中获取的产品的一次加工生产和服务活动,直接应用于海洋和海洋开发活动的产品生产和服务活动,利用海水或海洋空间作为生产过程中的基本要素所进行的生产和服务活动等。它包括海洋渔业、海洋水产品加工业、海洋油气业、海洋矿业、海洋船舶工业、海洋工程装备制造业、海洋化工业、海洋药物和生物制品业、海洋工程建筑业、海洋可再生能源利用业、海水利用业、海洋交通运输业、海洋旅游业等。根据海洋相关产业调查数据统计,全市Ⅰ类法人单位共348家,其中生产的产品用于海洋开发活动的单位23家,占比6.6%。

沿海区Ⅰ类法人单位共176家,其中生产的产品用于海洋开发活动的单位为19家,占比10.8%。浦东新区Ⅰ类法人单位为79家,其中生产的产品用于海洋开发活动的单位为8家,占比10.1%,用于海洋开发的产品主要有船舶装件、管道制作、手拉葫芦、船舶通风系统等;宝山区Ⅰ类法人单位为21家,其中生产的产品用于海洋开发活动的单位为4家,占比19.0%,用于海洋开发的产品主要有离型剂、通风附件、疏浚船舶设备等;金山区Ⅰ类法人单位为25家,其中生产的产品用于海洋开发活动的单位为1家,占比4.0%,用于海洋开发的产品主要有降失水剂、消泡剂、流动性改变剂;奉贤区Ⅰ类法人单位为40家,其中生产的产品用于海洋开发活动的单位为1家,占比2.5%,用于海洋开发的产品主要有无机硅酸锌车间底漆;崇明区Ⅰ类法人单位为11家,其中生产的产品用于海洋开发活动的单位为5家,占比45.5%,用于海洋开发的产品主要有焊接材料、船舶轴舵系、发动机预加热器等。

非沿海区Ⅰ类法人单位共172家,其中生产的产品用于海洋开发活动的单位4家,占比2.3%。黄浦区、徐汇区、普陀区、虹口区、杨浦区和青浦区Ⅰ类法人单位分别为1家、7家、2家、1家、4家和29家,均无生产的产品用于海洋开发活动的单位;长宁区、静安区无Ⅰ类法人单位;闵行区Ⅰ类法人单位为23家,其中生产的产品用于海洋开发活动的单位为1家,占比4.3%,用于海洋开发的产品主要有船舶装件、ZZ6-5船舶气象仪、船舶通风系统等;嘉定区Ⅰ类法人单位为63家,其中生产的产品用于海洋开发活动的单位为2家,占比为3.2%,用于海洋开发的产品主要有水深基渗透结晶型防水涂料;松江区Ⅰ类法人单位为42家,其中生产的产品用于海洋开发活动的单位为1家,占比

2.4%,用于海洋开发的产品主要有电缆托架、卫生单元等(详见表 4 - 25)。

表 4 - 25 2015 年上海市海洋相关产业 I 类法人单位汇总

区域	区	I 类法人调查单位数	其中生产的产品用于海洋开发活动的单位		用于海洋开发的主要产品
			数量	占比	
沿海区	浦东新区	79	8	10.1%	船舾装件、管道制作、手拉葫芦、船舶通风系统等
	宝山区	21	4	19.0%	离型剂、通风附件、疏浚船舶设备等
	金山区	25	1	4.0%	降失水剂、消泡剂、流动性改变剂
	奉贤区	40	1	2.5%	无机硅酸锌车间底漆
	崇明区	11	5	45.5%	焊接材料、船舶轴舵系、发动机预加热器等
	合计	176	19		—
非沿海区	黄浦区	1			—
	徐汇区	7			
	长宁区				
	静安区				
	普陀区	2			
	虹口区	1			
	杨浦区	4			
	闵行区	23	1	4.3%	船舾装件、ZZ6 - 5 船舶气象仪、船舶通风系统等
	嘉定区	63	2	3.2%	水深基渗透结晶型防水涂料
	松江区	42	1	2.4%	电缆托架、卫生单元
	青浦区	29			
	合计	172	4		—
合计		348	23		—

(二) 海洋相关产业 II 类法人单位汇总情况

海洋水产品是指海水养殖或海洋捕捞的鱼类、虾类、甲壳类、贝类、藻类等水生动植物。海洋油气是指从海底或滩海开采出的石油和天然气等。根据海洋相关产业调查数据统计,全市 II 类法人单位共 966 家,其中使用海水水产品或海洋油气进行生产或经营的单位为 554 家,占比 57.3%。

沿海区 II 类法人单位共 263 家,其中使用海水水产品或海洋油气进行生产或经营的单位为 133 家,占比 50.6%。浦东新区Ⅱ类法人单位共 147 家,其中使用海水水产品或海洋油气进行生产或经营的单位为 84 家,占比 57.1%,使用海水水产品主要有东星斑、虎头鱼、三文鱼等,使用的海洋油气产地为中国;宝山区Ⅱ类法人单位共 48 家,其中使用海水水产品或海洋油气进行生产或经营的单位为 20 家,占比 41.7%,使用海水水产品主要有野生白虾、龙虾、花蛤等;金山区Ⅱ类法人单位共 24 家,其中使用海水水产品或海洋油气进行生产或经营的单位为 12 家,占比 50.0%,使用海水水产品主要有笋壳鱼、蟹类、虾类等;奉贤区Ⅱ类法人单位共 28 家,其中使用海水水产品或海洋油气进行生产或经营的单位为 11 家,占比 39.3%,使用海水水产品主要有扒皮鱼、蛤蜊、贝壳类等;崇明区Ⅱ类法人单位共 16 家,其中使用海水水产品或海洋油气进行生产或经营的单位为 6 家,占比 37.5%,使用海水水产品主要有鱼类、海参等。

非沿海区Ⅱ类法人单位共 703 家,其中使用海水水产品或海洋油气进行生产或经营的单位为 421 家,占比 59.9%。

黄浦区Ⅱ类法人单位共 65 家,其中使用海水水产品或海洋油气进行生产或经营的单位为 53 家,占比 81.5%,用于海洋开发的产品主要有海葡萄、扇贝等。

徐汇区Ⅱ类法人单位共 77 家,其中使用海水水产品或海洋油气进行生产或经营的单位为 20 家,占比 26.0%,使用海水水产品主要有澳洲龙虾、带鱼、多宝鱼等。

长宁区Ⅱ类法人单位共 120 家,其中使用海水水产品或海洋油气进行生产或经营的单位为 83 家,占比 69.2%,使用海水水产品主要有鱼类、海参、虾类等。

静安区Ⅱ类法人单位共 91 家,其中使用海水水产品或海洋油气进行生产或经营的单位为 82 家,占比 90.1%,使用海水水产品主要有基尾虾、带鱼等,法人单位使用的海洋油气产地为中国东海。

普陀区Ⅱ类法人单位共 39 家,其中使用海水水产品或海洋油气进行生产或经营的单位为 17 家,占比 43.6%,使用海水水产品主要有扇贝王、三文鱼等。

虹口区Ⅱ类法人单位共 39 家,其中使用海水水产品或海洋油气进行生产或经营的单位为 17 家,占比 43.6%,使用海水水产品主要有小黄鱼、龙虾等。

杨浦区Ⅱ类法人单位共 44 家,其中使用海水水产品或海洋油气进行生产或经营的单位为 32 家,占比 72.7%,使用海水水产品主要有海螺、鱿鱼、青蟹等。

闵行区Ⅱ类法人单位共 76 家,其中使用海水水产品或海洋油气进行生产或经营的单位为 57 家,占比 75.0%,使用海水水产品主要有鲍鱼、海带、秋刀鱼、黄鱼等。

嘉定区Ⅱ类法人单位共 61 家,其中使用海水水产品或海洋油气进行生产或经营的单位为 20 家,占比 32.8%,使用海水水产品主要有鱼类、蟹类等。

松江区Ⅱ类法人单位共 54 家,其中使用海水水产品或海洋油气进行生产或经营的单位为 19 家,占比 35.2%,使用海水水产品主要有北极贝、三文鱼、龙虾等。

青浦区Ⅱ类法人单位共 37 家,其中使用海水水产品或海洋油气进行生产或经营的单位为 21 家,占比 56.8%,使用海水水产品主要澳洲龙虾、青蚝、鸦片鱼等(详见表 4-26)。

表 4-26　2015 年上海市海洋相关产业 II 类法人单位汇总

区域	区	II 类法人调查单位数	其中使用海水水产品或海洋油气进行生产或经营的单位		使用海水水产品名称	使用的海洋油气产地
			数量(家)	占比		
沿海区	浦东新区	147	84	57.1%	东星斑、虎头鱼、三文鱼等	中国
	宝山区	48	20	41.7%	野生白虾、龙虾、花蛤等	—
	金山区	24	12	50.0%	笋壳鱼、蟹类、虾类等	—
	奉贤区	28	11	39.3%	扒皮鱼、蛤蜊、贝壳类等	—
	崇明区	16	6	37.5%	鱼类、海参等	—
	合计	263	133		—	—
非沿海区	黄浦区	65	53	81.5%	海葡萄、扇贝等	—
	徐汇区	77	20	26.0%	澳洲龙虾、带鱼、多宝鱼等	—
	长宁区	120	83	69.2%	鱼类、海参、虾类等	—
	静安区	91	82	90.1%	基尾虾、带鱼等	东海(中国)
	普陀区	39	17	43.6%	扇贝王、三文鱼等	—
	虹口区	39	17	43.6%	小黄鱼、龙虾等	—
	杨浦区	44	32	72.7%	海螺、鱿鱼、青蟹等	—
	闵行区	76	57	75.0%	鲍鱼、海带、秋刀鱼、黄鱼等	中国
	嘉定区	61	20	32.8%	鱼类、蟹类	—
	松江区	54	19	35.2%	北极贝、三文鱼、龙虾等	加拿大、阿根廷、智利
	青浦区	37	21	56.8%	澳洲龙虾、青蚝、鸦片鱼等	—
	合计	703	421		—	—
合计		966	554		—	—

第五章　海洋经济专题调查情况

为了更全面地了解临海开发区经济活动和海岛海洋经济情况,分析海洋对沿海经济社会发展的贡献,完善海洋工程项目、围填海规模、防灾减灾、节能减排等基础信息,了解其对海洋经济发展的影响,根据《第一次全国海洋经济调查上海市实施方案》的要求,除涉海企业投融资情况、海洋科技创新情况2个专题外,全市需单独调查6个专题:海洋工程项目、围填海规模、海洋节能减排、海洋防灾减灾、临海开发区及海岛海洋经济;调查对象193个。

其中,海洋工程及围填海项目专题应调查项目30个;海洋防灾减灾专题应调查对象78家,填报报表84份;海洋节能减排专题应调查入海河流2条,入海排污口41个;临海开发区专题应调查市级开发区16个,国家级7个;海岛海洋经济专题应调查1个区18个乡镇。

第一节　海洋工程及围填海项目专题

一、海洋工程及围填海项目基本情况分析

(一)按管理权限分析

根据海洋工程及围填海项目专题数据统计,2015年上海市海洋工程及围填海项目共44个,其中国管项目14个(含已注销项目1个),占比31.8%,集中在崇明区和浦东新区,项目数量分别为8个和6个。市管项目30个,占比68.2%,分布在金山区、浦东新区和奉贤区,项目数量分别为15个、11个和4个(详见表5-1)。

表5-1　2015年上海市海洋工程及围填海项目汇总(按管理权限)

区	国管项目	市管项目	总计
浦东新区	6	11	17
金山区	0	15	15
奉贤区	0	4	4
崇明区	8	0	8
合计	14	30	44

（二）按项目类型分析

2015 年上海市海洋工程及围填海项目共 44 个,14 个国管项目中,一般项目 13 个,占比 92.9%,其中浦东新区 7 个,崇明区 6 个;填海项目 1 个,位于浦东新区(详见表 5-2)。

表 5-2　2015 年上海市海洋工程及围填海国管项目汇总(按项目类型)

区	一般项目	围海项目	填海项目	总计
崇明区	6	0	0	6
浦东新区	7	0	1	8
合计	13	0	1	14

30 个市管项目中,一般项目有 12 个,占比 40%,其中浦东新区最多,有 5 个项目,占比 41.7%;围海项目(均为透水构筑物、港池等用海方式)17 个,占比 56.7%,其中金山区最多,11 个,占比 63.6%;填海项目 1 个,位于金山区(详见表 5-3)。

表 5-3　2015 年上海市海洋工程及围填海市管项目汇总(按项目类型)

区	一般项目	围海项目	填海项目	总计
浦东新区	5	6	0	11
金山区	3	11	1	15
奉贤区	4	0	0	4
合计	12	17	1	30

（三）按项目状态分析

上海市海洋工程及围填海市管项目按项目状态分类,运营状态项目数量最多,共 24 个,占比 80%,其中金山区 13 个,浦东新区 9 个,奉贤区 2 个;拟建状态项目 0 个;在建状态项目 2 个;竣工状态项目 3 个;废弃状态项目 1 个(详见表 5-4)。

海洋工程及围填海国管项目,因单位驻地不在上海市或上海市未参与监管,不掌握项目状态具体信息,不纳入分析。

表 5-4　2015 年上海市海洋工程及围填海市管项目汇总(按项目状态)

区	拟建	在建	竣工	运营	废弃	总计
浦东新区	0	1	1	9	0	11
金山区	0	0	2	13	0	15

（续表）

区	拟建	在建	竣工	运营	废弃	总计
奉贤区	0	1	0	2	1	4
合计	0	2	3	24	1	30

（四）按用海类型分析

上海市海洋工程及围填海市管项目按用海类型分类,交通运输用海项目最多,共 14 个,占比 46.7%,分布在浦东新区、奉贤区,如上海电气临港重型装备制造基地重件码头工程、金山车客渡码头工程;其次是排污倾倒用海项目,共 6 个,占比 20%,分布在奉贤区、金山区、浦东新区,如金山排海工程新江水质净化厂排污管道项目、上海市东部污水处理厂排污口项目等(详见表 5 - 5)。

海洋工程及围填海国管项目,因单位驻地不在上海市或上海市未参与监管,不掌握项目状态具体信息,不纳入分析。

表 5 - 5 2015 年上海市海洋工程及围填海市管项目汇总(按用海类型)

区	工业用海	交通运输用海	旅游娱乐用海	排污倾倒用海	特殊用海	总计
浦东新区	3	6	—	1	1	11
金山区	1	8	2	2	2	15
奉贤区	—	—		3	1	4
合计	4	14	2	6	4	30

（五）按用海性质分析

上海市海洋工程及围填海市管项目按用海性质分类,经营性项目最多,共 21 个,占比 70%,分布在金山区、浦东新区、奉贤区,如上海化学工业区投资实业有限公司大件码头项目、上海氯碱化工股份有限公司盐码头项目等;公益性项目 9 个,占比 30%,也分布在金山区、浦东新区、奉贤区,如金汇港南闸改造工程项目、上海石化六次围堤顺坝项目等(详见表 5 - 6)。

海洋工程及围填海国管项目,因单位驻地不在上海市或上海市未参与监管,不掌握项目状态具体信息,不纳入分析。

表 5 - 6 2015 年上海市海洋工程及围填海市管项目(按用海性质)汇总

区	公益性项目	经营性项目	总计
浦东新区	2	9	11

（续表）

区	公益性项目	经营性项目	总计
金山区	5	10	15
奉贤区	2	2	4
合计	9	21	30

（六）按用海方式分析

上海市海洋工程及围填海市管项目按用海方式分类,其他方式的项目数量最多,共10个,如东海大桥海上风电项目二期工程、上海临港海上风电二期项目等;其次是构筑物和围海,分别为9个(详见表5-7)。

海洋工程及围填海国管项目,因单位驻地不在上海市或上海市未参与监管,不掌握项目状态具体信息,不纳入分析。

表5-7　2015年上海市海洋工程及围填海市管项目汇总(按用海方式)

区	构筑物	开放式	填海造地	围海	其他方式	合计
浦东新区	1	0	0	6	4	11
金山区	7	1	1	3	3	15
奉贤区	1	0	0	0	3	4
合计	9	1	1	9	10	30

二、海洋工程及围填海项目主要经济指标分析

（一）按投资和产值分析

2015年上海市海洋工程及围填海市管项目共30个,计划投资金额98.4亿元,运营类项目70.4亿元,占比71.5%;一般项目53.7亿元,占比54.6%。累计完成投资金额87.1亿元,运营类项目63.6亿元,占比73.0%;一般项目50.3亿元,占比57.7%。

2015年当年完成投资金额26.1亿元。风电、火电类项目当年完成投资额17.63亿元,占当年电力建设投资总额的13.6%;码头类项目当年完成投资额3.03亿元,占当年城市基础设施投资交通运输类总额的0.4%。

当年项目运营产值1.6亿元,主要集中在4个项目:上海电气临港重型装备制造基地重件码头工程、上海市东部污水处理厂排污口项目、东海大桥海上风电项目二期工程、上海化学工业区投资实业有限公司大件码头项目。由于部分项目未填报运营产值或公益性项目无运营产值,汇总数相对较小(详见表5-8、5-9)。

海洋工程及围填海国管项目,因单位驻地不在上海市或上海市未参与监管,不掌握项目具体信息。

表 5–8　2015 年上海市海洋工程及围填海市管项目投资及产值汇总

项目状态	计划投资金额 （亿元）	累计完成投资金额 （亿元）	当年完成投资金额 （亿元）	当年项目运营产值 （亿元）
拟建	0	0	0	0
在建	8.7	8.1	3.7	0
竣工	19.2	15.3	4.2	0
运营	70.4	63.6	18.2	1.6
合计	98.4	87.1	26.1	1.6

表 5–9　2015 年上海市海洋工程及围填海市管项目投资及产值汇总表

项目类型	计划投资金额 （亿元）	累计完成投资金额 （亿元）	当年完成投资金额 （亿元）	当年项目运营产值 （亿元）
一般项目	53.7	50.3	19.3	1.45
围海项目	44.0	36.7	6.9	0.15
填海项目	0.7			
合计	98.4	87.0	26.2	1.6

（二）按用海面积分析

2015 年上海市海洋工程及围填海项目中市管围填海项目 18 个,其中围海项目 17 个,填海项目 1 个。本次调查采集了围填海项目的用海面积:17 个围海项目批复围海（用海方式为透水构筑物、港池等）面积 1157.7 公顷,累计完成围海面积 1006.2 公顷,其中金山区完成围海面积 992.8 公顷,占比 98.7%;1 个填海项目位于金山区,批复填海面积 33.88 公顷,累计完成填海面积 33.88 公顷(详见表 5–10)。

表 5–10　2015 年上海市海洋工程及围填海市管项目用海面积汇总

区	批复围海面积 （公顷）	累计完成围海面积 （公顷）	批复填海面积 （公顷）	累计完成填海面积 （公顷）
金山区	1034.55	992.84	33.88	33.88
浦东新区	123.15	13.35	0	0
合计	1157.70	1006.19	33.88	33.88

（三）按集约度分析

借用土地集约度的概念分析海洋工程及围填海项目用海集约度,以单位用海面积的投入资金衡量。项目用海集约度能在一定程度上反映海洋工程项目与区域经济发展的匹配程度。

在不考虑不同年度价格因素的情况下,2015 年上海市海洋工程及围填海市管围填海项目整体集约度为 392.16 万元/公顷,其中上海中船临港船用大功率柴油机生产基地码头工程集约度最高。

(四) 海域使用金征缴情况

按照《海域管理法》等规定,上海市海洋主管部门做好海域使用金征缴工作,累计征收海域使用金 63 644 万元,按时、足额缴入国库。

三、海洋工程及围填海项目相关单位情况分析

根据海洋工程及围填海项目专题调查数据统计,2015 年上海市海洋工程及围填海市管项目相关单位涉及海洋工程及围填海建设、施工、运营、可行性研究、设计、勘察、监理、海域使用论证、环境影响评价、安全评估、第三方检测及其他咨询,共 12 个领域,经去重处理后,共 171 家,形成了《上海市海洋工程及围填海相关单位名录》。其中,海洋工程及围填海建设单位数量最多,共 28 家,占比 16.4%;其次为海洋工程及围填海施工单位,共 27 家,海洋工程及围填海运营单位 18 家(详见表 5 - 11)。

表 5 - 11　2015 年上海市海洋工程及围填海项目相关单位数量汇总

海洋工程及围填海相关单位类型	单位数量(家)
建设单位	28
施工单位	27
运营单位	18
可行性论证单位	11
设计单位	11
勘察单位	15
监理单位	13
海域使用论证单位	6
环境影响评价单位	16
安全评估单位	8
第三方检测单位	12
其他咨询单位	6
合计	171

四、海洋工程及围填海项目咨询服务情况

根据调查数据统计,2015 年上海市海洋工程及围填海市管项目咨询服务项目合同共 128 个,涉及海洋工程及围填海项目可行性研究、设计、勘察、监理、海域使用论证、环境影响评价、安全评估、第三方检测以及其他咨询共 9 个服务领域。其中,海洋工程设计、海洋工程监理合同数量最多,均为 18 个,分别占比 14.1%;其次是海洋工程勘察、海洋工程环境影响评价,合同均为 17 个;海洋工程安全评估、海洋工程可行性研究、海洋工程海域使用论证、第三方检测以及其他咨询合同分别为 15 个、12 个、12 个、12 个及 7个(详见表 5 - 12)。

由于个别海洋工程项目专题调查对象(项目海域使用权人)对各种类型的咨询服务难以准确理解,因此存在填报的报表中合同数、合同总额、技术单位的咨询服务类型划分不准确的情况。

表 5 - 12　2015 年上海市海洋工程及围填海项目咨询服务项目合同数汇总

咨询服务项目名称	浦东新区	金山区	奉贤区	总计
海洋工程可行性研究	8	4	—	12
海洋工程设计	12	6	—	18
海洋工程勘察	12	5	—	17
海洋工程监理	12	6	—	18
海洋工程海域使用论证	8	4	—	12
海洋工程环境影响评价	11	6	—	17
海洋工程安全评估	12	3	—	15
第三方检测	11	1	—	12
其他咨询	5	2	—	7
合计	91	37	—	128

五、重点海洋工程项目基本情况

上海海洋功能区划面积 10 754.6 平方千米,大陆和有居民岛岸线 520 千米,其中大陆海岸线 213.05 千米,拥有 3 个有居民海岛(崇明、长兴和横沙岛)和 23 个无居民海岛。海域、海岛、岸线、滩涂、航道、能源等海洋资源的开发利用为服务城市经济社会发展发挥了重要作用。

上海海洋资源开发利用以保障城市空间拓展、改善基础设施、构建国际通信枢纽和服务重点产业发展为重点,开展了东海大桥海上风电项目二期工程、芦潮港水闸外移工

程、上海临港海上风电二期项目、上海孚宝港务有限公司码头扩建工程、中国极地考察国内基地码头工程等项目,对自然资源的保护和利用、社会经济的发展起到了至关重要的作用。

(一) 东海大桥海上风电项目二期工程

风力发电是目前技术最为成熟的可再生能源,对增加能源供应、调整能源结构、应对气候变化、实现可持续发展具有十分重要的意义。目前,我国风电装机总容量已经突破 $2×10^8$ 千瓦,基本都是陆上风电场。与陆上风电相比,海上风电的运行环境更复杂,技术要求更高,施工难度更大。东海大桥海上风电场规划装机总容量为 204.2 兆瓦,其中一期工程为示范工程,已安装单机容量为 3 兆瓦的风电机组 34 台,装机容量为 102 兆瓦,目前已经建成且并网发电。本工程为该风电场的二期工程,装机容量为 102.2 兆瓦,共安装 28 台海上风电机组,其中 26 台(37#—62#)风机单机容量为 3.6 兆瓦,另外 2 台风机为样机,即 1 台上海电气风电公司的 3.6 兆瓦样机(35#)和 1 台华锐风电科技公司的 5 兆瓦样机(36#)。预计建成后年上网电量约 $2.36×10^8$ 千瓦时,接入上海市电网。

其中上海电气 3.6 兆瓦样机和华锐风电 5.0 兆瓦样机建设,是上海市科委"大容量海上风机系统集成的关键技术及海上风电风机基础施工和安装的关键技术"实验项目,样机布置于风电场的东北侧,邻近东海大桥 1 千米保护范围线。样机实验项目对于掌握海上大容量风机系统集成技术,掌握大容量机组的风机基础设计和风机安装关键技术,探索我国大容量海上风机基础施工的解决方案和适合我国国情的海上风机吊装安装方案具有重要意义,将为风电场二期工程的风机设备选型和后续工程实施打下基础。

本工程属并网型风电场,风电场通过 35 千伏海底电缆接入岸上 110 千伏风电场升压变电站,从而接入上海市电网,为上海地区提供绿色能源。

(二) 芦潮港水闸外移工程

芦潮港水闸地处上海市浦东新区东南部的芦潮港镇,位于长江口和杭州湾的交汇处,属于一线海塘水闸,面临杭州湾,为集挡潮、挡咸、排涝等功能于一体的节制闸,是浦东新区沿杭州湾的重要排涝口门。芦潮港水闸外移工程由五尺沟-芦潮港河道以及芦潮港水闸工程组成,五尺沟-芦潮港河道属于芦潮港水系,为浦东新区的重要骨干排涝河道。芦潮港水系位于上海市浦东新区的东南部,沿线经过浦东新区万祥镇、大团镇、泥城镇、芦潮港镇等镇,工程的实施将为地处浦东新区的临港新城防洪排涝发挥重要作用。

芦潮港水闸外移工程是具有社会公益性质的基础设施建设项目,工程主要任务为挡潮(咸)、排涝(水)、水资源调度、景观以及限制性通航等。建设内容主要有:①外移重建总净孔宽 36 米芦潮港水闸一座及其配套设施,闸外防波堤等;②河道工程南起芦潮港新建水闸,北至老团芦港以北约 540 米处,总长约 4.3 千米河道的拓宽、护岸、绿化、防汛通道及部分支河桥梁;③在老闸上游约 80 米位置新建交通桥一座;④其他工程包括导堤工程和海塘达标工程等。

(三) 上海临港海上风电二期项目

风力发电是目前技术较为成熟的可再生能源,对增加能源供应、调整能源结构、应对气候变化、实现可持续发展具有十分重要的意义。中国东部沿海地区经济发达,能源资源紧缺,海上风电是当地重要的资源优势,进行海上风电规划和开发部署,对于推动中国风电发展,缓解东部沿海地区用电紧张局面,有效应对气候变化等都具有十分重要的作用。

根据上海市大型海上风电场优化选址报告,各部门确定临港海上风电场为选定的大型风电场之一,临港海上风电场总装机容量约为 200 兆瓦,包括一期工程和二期工程。临港海上风电二期项目总装机容量为 100.8 兆瓦。单机容量 3.6 兆瓦,轮毂高度 90 米,共 28 台风机机组,配套建设陆上 220 千伏升压变电站。项目预计理论年发电量约 3.6×10^8 千瓦时。

(四) 上海孚宝港务有限公司码头扩建工程

上海孚宝港务有限公司(以下简称"孚宝公司")于 2002 年 3 月成立,由荷兰孚宝亚洲有限公司、上海化学工业区发展有限公司、上海化学工业区投资有限公司共同投资建设。孚宝公司经营范围为建设、管理和经营上海化学工业区化学物品专业码头及其相关储运设施,为上海化学工业区及其周边企业提供化学品进出贮运及物流服务,主要客户为上海化学工业区内以及周边地区的化工厂和企业。

孚宝公司于 2004 年 10 月在杭州湾北岸上海化学工业区 C1 地块内建成码头一期工程并投入运营,包括主引桥一座、液体化工码头两座,工作船码头一座,为化工园区内上海赛科石化、巴斯夫、亨茨迈、璐彩特等大型化工企业及区外企业提供全面的物流服务。

随着上海化学工业区的发展,作为化工区内主要的公用码头物流公司,孚宝公司的码头吞吐量也在快速增长,现有码头能力已经不能满足发展的需要。因此,孚宝公司建设二期工程,扩建码头、仓储库及相关配套设施。

本工程拟在已建一期孚宝码头的东侧进行扩建,共扩建主引桥一座、码头两座。扩建码头分为外线码头和内线码头二线布置,共 8 个泊位。码头设计年吞吐量 603.4 万吨,码头年设计通过能力 646.4 万吨。

(五) 中国极地考察国内基地码头工程

中国极地考察国内基地建设项目是经国家批准立项的中国极地考察"十五"能力建

设项目中的重点项目,是中国进行极地考察的重要支撑,也是国内唯一的极地考察基地,项目建设单位为中国极地研究中心。中国极地考察国内基地码头位于外高桥五号沟地区,码头长250米、宽28米,外侧布置2万吨级专用泊位一个,内侧布置3000吨级泊位一个。该工程于2006年8月20日开工,2007年7月9日完工,9月13日起开始试运行,2008年7月8日,通过竣工验收。码头的建成解决了极地考察船停靠和科考物资集运的难题,为中国顺利开展极地科考任务奠定了基础。

第二节　防灾减灾专题

一、海洋防灾减灾机构及减灾工作投入分析

(一)海洋防灾减灾机构分布情况

根据海洋防灾减灾专题调查数据统计:2015年全市共有海洋防灾减灾机构78个。其中,沿海区51个,占全市比重65.4%;非沿海区27个,占全市比重34.6%。金山区13个,位居全市首位(详见表5-13)。

表5-13　2015年上海市海洋防灾减灾机构分布情况汇总

区域	区	机构数量(家)
沿海区	浦东新区	8
	宝山区	11
	金山区	13
	奉贤区	8
	崇明区	11
	小计	51
非沿海区	虹口区	2
	黄浦区	4
	普陀区	3
	青浦区	1
	徐汇区	8
	杨浦区	3
	长宁区	6
	小计	27
合计		78

根据调查数据统计,全市海洋防灾减灾机构分布在海洋、海事、减灾、民政、气象、水利、渔业等行业。各行业中水利机构数量最多,为23家,占比29.5%;海洋、海事、气象行业机构均为12家,分别占比15.4%;减灾、渔业、民政行业机构数量分别为7家、6家、6家,占比分别为9%、7.7%、7.7%(详见表5-14)。

表5-14 上海市不同行业海洋防灾减灾机构分布汇总

区域	区	海事	海洋	减灾	民政	气象	水利	渔业
沿海区	浦东新区	2	1	2	2	1	1	1
	宝山区	2	1	1	1	2	4	0
	金山区	2	2	0	1	1	5	2
	奉贤区	1	1	0	1	1	3	0
	崇明区	2	2	0	1	1	4	0
	小计	9	7	3	6	6	17	3
非沿海区	虹口区	1	—	—	—	—	1	—
	黄浦区	1	—	1	—	—	1	1
	普陀区	—	1	1	—	—	—	1
	青浦区	—	—	1	—	—	—	—
	徐汇区	—	—	—	—	6	2	—
	杨浦区	1	—	1	—	—	—	1
	长宁区	—	4	—	—	—	2	—
	小计	3	5	4	0	6	6	3
合计		12	12	7	6	12	23	6

海事泛指航运(海事事务)及与航运相关的事务,如海事管理机构、航海、造船、验船、海事海商法、海损事故处理等。海事管理机构负责对所辖海区和港口水域的交通安全实行统一监督管理,开展辖区水上安全、防止船舶污染、船舶和海上设施检验、港口航道测绘管理等工作。上海的海事机构包括交通运输部直属的海事局和地方海事局,前者包括上海海事局及下属的各区海事局、交通运输部东海航海保障中心等,后者包括各区的区航务管理机构,如浦东新区航务管理署等。

海洋管理机构的海洋防灾减灾主要职能包括海洋观测预报、预警监测和减灾工作,组织开展海洋科学调查与勘测,参与重大海洋灾害的应急处理等。上海的海洋管理机构包括自然资源部东海局及下属机构,地方海洋管理机构及下属机构,如上海市海洋局、上海市海洋管理事务中心、浦东新区海洋局、上海市金山区海洋海塘管理所、崇明区海洋管理事务所等。

减灾行业的海洋防灾减灾机构主要有专业或兼职从事海洋防灾减灾工作的公益性

社会团体,如上海市防灾减灾技术中心、上海厚天减灾救援公益促进中心、上海市灾害防御协会、上海防灾救灾研究所、上海市宝山区灾害防御协会、上海市红十字备灾救灾中心等。

民政行业的海洋防灾减灾职责主要是核查、上报灾情;负责救灾款物的申请、接收、管理、分配并检查监督使用情况;指导灾区开展生产自救;统筹管理社会救济工作等。上海的民政管理机构主要有上海市民政局、浦东新区民政局、宝山区民政局、金山区民政局、奉贤区民政局、崇明区民政局等。

气象行业的海洋防灾减灾职责主要是台风等灾害性天气的预警预报等。上海的气象机构主要有上海市气象局、中国气象局上海台风研究所、上海市海洋气象台、浦东新区气象局等。

水利行业的海洋防灾减灾职责主要是防汛指挥和水害灾害防御等。上海的水利管理机构主要有上海市水务局、上海防汛指挥部、上海市水利管理处、上海市水文总站、上海市堤防(泵闸)设施管理处、宝山区水务局、金山区水务局、奉贤区水务局、崇明区水务局等。上海市水务局是主管全市水务和海洋工作的市政府组成部门,加挂上海市海洋局牌子。在新一轮机构改革后,上海市应急管理局统一负责全市应急管理工作,上海市水务局负责落实综合防灾减灾规划相关要求,组织编制洪水干旱灾害防治规划和防护标准并指导实施;承担水情旱情监测预警工作;组织编制重要江河湖泊和重要水工程的防御台风、暴雨、高潮位、洪水和抗御旱灾调度及应急水量调度方案,按照程序报批并组织实施;承担防御台风、暴雨、高潮位、洪水应急抢险的技术支撑工作和重要水工程调度工作。

渔业行业的海洋防灾减灾职能主要是组织渔业行业和渔民的海洋防灾减灾工作。上海的渔业管理机构主要有中华人民共和国上海渔港监督局、农业部东海区渔政局、上海市渔政监督管理处、上海市浦东新区农业委员会执法大队、上海市金山区水产技术推广站(上海市金山区渔业环境监测站)、上海市金山区农业委员会执法大队(金山区渔政站)等。

(二) 海洋防灾减灾机构工作情况

经调查数据汇总分析,2015 年全市从事防灾减灾工作人员数 7748 人,其中从事海洋防灾减灾专业技术职称人员数量 221 人;单位固定资产总值 51.46 亿元,观测、预报和减灾专用设备固定资产总值 2.1 亿元,新建和修复海堤 53 552 米,用于新建和修复海堤的资金投入 17.24 亿元,海洋观测设施建设和维护的资金投入 3565.9 万元,海洋灾害预警系统建设和维护的资金投入 2360.2 万元,因海洋灾害紧急转移和安置群众数量 8.23 万人,因海洋灾害紧急转移和安置群众支出资金 22 万元,用于海洋灾害应急救助与治理修复等工作支出资金 139.5 万元,开展海洋减灾宣传、培训,应急演练工作 734 次,开展海洋减灾宣传、培训、应急演练工作的资金投入 273.705 万元,用于灾害应急储备物资购置的资金投入 1732.51 万元,用于避灾点建设和维护的资金投入 278 万元,其他海洋减灾工作资金投入 274 万元(详见表 5-15,5-16)。

表 5-15　2015 年上海市海洋防灾减灾机构及减灾工作投入(一)

区	单位在编人员数量(人)	从事海洋防灾减灾专业技术职称人员数量(人)	单位固定资产总值(亿元)	观测、预报和减灾专用设备固定资产总值(万元)	新建和修复海堤的长度(米)	用于新建和修复海堤的资金投入(万元)	海洋观测设施建设和维护的资金投入(万元)	海洋灾害预警系统建设和维护的资金投入(万元)
宝山区	292	20	0.82	414	219	472	100	0
浦东新区	563	32	2.70	3420	0	0	0	0
金山区	433	14	1.73	23	351	33	11.7	0.8
奉贤区	166	0	0.74	0	13 272	46 385	0	0
崇明区	569	9	2.11	2867	21 600	75 897	8	50
非沿海区	5725	146	43.36	14 284	18 080	49 650	3446.2	2309.4
合计	7748	221	51.46	21 008	53 522	172 437	3565.9	2360.2

表 5-16　2015 年上海市海洋防灾减灾机构及减灾工作投入(二)

区	因海洋灾害紧急转移和安置群众数量(人)	因海洋灾害紧急转移和安置群众支出资金(万元)	用于海洋灾害应急救助与治理修复等工作支出资金(万元)	开展海洋减灾宣传、培训,应急演练工作的次数(次)	开展海洋减灾宣传、培训、应急演练工作的资金投入(万元)	用于灾害应急储备物资购置的资金投入(万元)	用于避灾点建设和维护的资金投入(万元)	其他海洋减灾工作资金投入(万元)
宝山区	0	0	50	2	8.8	0	0	0
浦东新区	309	9	80	17	24.39	386.11	78	0
金山区	5	0	1.5	5	2	2	0	0
奉贤区	54 924	0	0	7	20	45	0	0
崇明区	26 790	0	0	41	44.5	900	0	0
非沿海区	260	13	8	662	174.015	399.4	200	274
合计	82 288	22	139.5	734	273.705	1732.51	278	274

二、海洋灾害损失分析

2015 年,上海市海洋灾害总体较轻,上海海域主要以风暴潮、海浪和咸潮灾害为主,未发生海啸和赤潮灾害,累计造成直接经济损失 522 万元。其中,风暴潮灾害 2 次,造成直接经济损失 522 万元;海浪灾害 2 次,咸潮灾害 3 次,均未造成直接经济损失(详见表 5 - 17)。全年因风暴潮、海浪灾害共造成上海市海洋观测设施直接经济损失 318.64 万元。

表 5 - 17　2015 年上海市不同灾种海洋灾害损失统计

灾害种类	发生次数	死亡(含失踪)人数(人)	直接经济损失(万元)
风暴潮	2	0	522
海浪	2	0	0
海啸	0	0	—
赤潮	0	0	—
咸潮	3	0	—
合计	7	0	522

注:"—"表示未统计;表中死亡(含失踪)人数、直接经济损失是指在所辖海域发生的,此直接经济损失不包含海洋观测设施直接经济损失,价格为当年价。

风暴潮灾害造成的 522 万元直接经济损失中,均由"灿鸿"风暴潮和近岸浪的共同作用而引起。1509 号"灿鸿"台风 2015 年 6 月 30 日生成于关岛以东洋面,生成强度为热带风暴,7 月 7 日 02 时及 7 月 9 日 14 时、23 时分别快速加强为台风、强台风和超强台风级别。7 月 10 日进入东经 127 度以西,不断逼近浙北沿海一带,7 月 11 日 16 时 40 分前后在浙江舟山朱家尖镇沿海登陆,穿过舟山群岛东部入海,而后转为东北向移动。7 月 11 日 22 时台风中心距离上海南汇嘴最近约 91 千米。受"灿鸿"影响,上海沿海海域出现了 8—10 级大风。上海沿海风暴潮增水明显,整个过程风暴增水 100—150 厘米,吴淞和芦潮港站均出现了 139 厘米的过程最大增水,但由于沿海正值天文小潮期,上海沿海的各验潮站未出现超过当地警戒潮位的高潮位。

受"灿鸿"风暴潮影响,上海市沿海紧急转移安置人口 3.94 万人,死亡(含失踪)0 人,水产养殖受灾面积 2.4 公顷,渔船损坏 2 艘,淤积航道 40 千米,防波堤损毁 0.02 千米,农田淹没 565.6 公顷。其中,奉贤区受灾最为严重,紧急转移安置人口 10 308 人,农田淹没565.6公顷,造成直接经济损失502万元;其次为金山区,紧急转移安置人口6051人,直接经济损失20万元。

2015年,上海市发生各类海洋灾害(主要指风暴潮、海浪、海啸、赤潮、咸潮等,下同)7次,低于近5年(2013—2017年)平均值8.8次,同时也低于2013年(18次)和2014年(11次),与2016年(7次)持平,高于2017年(1次)(详见图5-1)。各类海洋灾害造成的直接经济损失低于近5年(2013—2017年)平均值3544万元,远低于2013年(17 200万元),高于2014年(0万元)、2016年(0万元)、2017年(0万元)(详见图5-2)。各类海洋灾害造成的海洋观测设施直接经济损失高于近5年(2013—2017年)平均值92万元,高于2013年(83.35万元)、2014年(56.5万元)、2016年(0万元)和2017年(1.5万元)(详见图5-3)。各类海洋灾害均未造成死亡(含失踪)人口,与近5年(2013—2017年)持平。

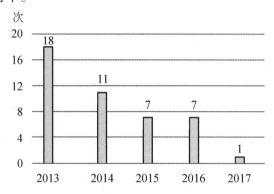

图5-1　2013—2017年上海市海洋灾害发生频次

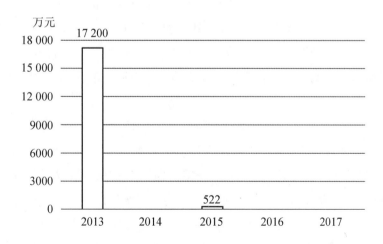

图5-2　2013—2017年上海市各类海洋灾害直接经济损失

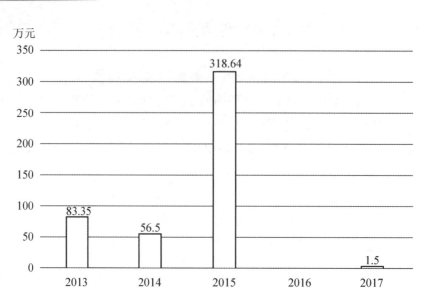

图 5‑3　2013—2017 年上海市各类海洋灾害造成的海洋观测设施直接经济损失

　　2015 年,上海海洋灾情同全国其他沿海省份相比,总体偏轻。上海濒江临海,地理位置特殊,是我国海洋灾害多发易发区域之一。在全球气候变暖以及极端天气频现的大背景下,在沿海地区产业聚集、人口密度和财富急剧增加、海洋经济逐年增长、上海面临海洋灾害风险加剧的情况下,上海海洋灾情总体偏轻主要得益于以下几方面的原因:

　　第一,领导重视,各部门应对迅速。1509 号"灿鸿"台风、1521 号"杜鹃"台风形成、登陆后,市领导多次通过视频、电话询问台风动向,赴上海市防汛指挥部了解应急处置情况,并指挥应急抢险工作。气象、公安、旅游等部门与驻沪部队、上海城投集团根据《上海市防汛防台专项应急预案》《上海市处置海洋灾害专项应急预案》等,第一时间进岗到位,根据自身职责及时采取有效措施,努力将灾害损失降到最低程度。各沿海区也高度重视,迅速做出应对响应,加强海塘安全巡查,预排预降,腾空蓄水,落实人员转移准备等。

　　第二,基础牢固,防御工程措施达标到位。截至 2017 年 12 月,上海全市主海塘总长约505.2 千米。主海塘中 183.8 千米已达到 200 年一遇潮位加 12 级风(32.7 米/秒)设防标准,占 36.4%;214.7 千米海塘达到 100 年一遇潮位加 12 级风或 11 级风(28.5 米/秒)设防标准,占 42.5%;其他 106.7 千米海塘为不足 100 年一遇潮位加 11 级风设防标准,占21.1%。高标准的海塘给上海沿海筑起了较为坚实的安全防线。另外,近年来上海市还开展了海塘护坡达标工程、内青坎整治工程、加固险闸等建设,并积极探究新形势下的海塘防御标准,全面提高海塘防汛能力,保障城市安全。

　　第三,非工程措施助力,减灾体系较为完善。上海市、区两级水务与海洋合署办公,为应对海洋灾害提供了体制保障。2014 年上海市政府办公厅修订印发《上海市处置海洋灾害专项应急预案》,上海市海洋局配套印发《海洋灾害观测预报应急预案》《海洋事故监测评估应急预案》《赤潮灾害应急预案》《海底电缆管道保护应急预案》,部分沿海区和市级应急联动机构成员单位也制订了相应的配套应急预案,现全市基本形成了"1+4+X"海洋防灾减灾应急预案体系,为全市海洋灾害应急管理提供了机制保障。近年来,围绕观测、预报、减灾等方面,推进开展了立体观测网建设、海洋预警报省级能力改造建设、沿海警戒潮位核定、编制海洋灾害防御规划、海洋灾害调查统计与评估、海洋灾害风险评估与区划等工作,为海洋灾害应急管理提供了决策依据或者参考。

三、典型承灾体基本情况分析

(一) 渔港情况分析

截至 2016 年底,上海市沿海共有渔港 4 个,其中国家一级渔港、二级渔港、三级渔港和没有等级的渔港各 1 个。

按区分,崇明区有 3 个渔港:上海横沙一级渔港为国家一级渔港,避风等级为 11 级,可容纳船只 900 艘;上海为中集团水产品交易批发市场经营管理有限公司渔业码头(原横沙二级渔港老码头)为国家二级渔港,避风等级为 11 级,可容纳船只 165 艘;崇明区奚家港渔港没有等级,可容纳船只 300 艘。浦东新区 1 个渔港:芦潮港渔港,为三级渔港,可容纳船只 610 艘。

(二) 海堤情况分析

截至 2017 年底,上海已建成总长约 505.2 千米的主海塘(大陆 217.1 千米,占 43.0%;三岛 288.1 千米,占 57.0%),其中达到 200 年一遇潮位加 12 级风(32.7 米/秒)设防标准的海塘约 183.8 千米,占 36.4%;达到 100 年一遇潮位加 12 级风或 11 级风(28.5 米/秒)设防标准的海塘约 214.7 千米,占 42.5%;其余约 106.7 千米则是 100 年一遇潮位加不足 11 级风的设防标准,占 21.1%。一线海塘总长约 128.7 千米(其中大陆 7.6 千米,占 5.9%;三岛 121.1 千米,占 94.1%)。主要备塘总长约 221.2 千米,次要备塘总长约 193.4 千米。

(三) 滨海旅游休闲娱乐区情况分析

截至 2016 年底,在调查范围内,共有 24 个旅游娱乐区,其中 4A 级景区 13 个,3A 级 11 个。

(四) 海水养殖区情况分析

根据调查方案规定的海洋防灾减灾专题调查范围,上海无海水养殖区。

第三节　临海开发区专题

一、临海开发区总体情况

(一) 沿海区临海开发区级别及数量

临海开发区专题调查共涉及浦东新区、宝山区、金山区、奉贤区、崇明区 5 个沿海区的 23 个临海开发区,浦东新区数量最多,为 11 个;金山区、奉贤区、宝山区、崇明区分别为 4 个、4 个、2 个、2 个。其中,国家级 7 个、省级 16 个(详见表 5 - 18)。

表 5 - 18　上海市沿海区临海开发区数量分布情况

区	省级(个)	国家级(个)	小计(个)
浦东新区	5	6	11
宝山区	2		2
金山区	4		4
奉贤区	3	1	4
崇明区	2		2
合计	16	7	23

(二) 临海开发区基本信息变更情况

根据 2015 年的临海开发区专题调查名录,近年来,上海的一些临海开发区发生更名、合并等变化,同时梳理补充了名录中没有的开发区管理机构(详见表 5 - 19)。

表 5 - 19　上海市临海开发区基本信息变更情况

区	名录中开发区名称	开发区合并、更名情况	当前管理机构	备注
宝山区	上海宝山城市工业园区		上海宝山城市工业园区管理委员会	
宝山区	上海宝山工业园区		上海宝山工业园区管理委员会	
浦东新区	金桥出口加工区	上海金桥经济技术开发区	上海金桥经济技术开发区管委会、中国(上海)自由贸易试验区管理委员会金桥管理局	与南区合并,并更名;中国(上海)自由贸易试验区组成区域

（续表）

区	名录中开发区名称	开发区合并、更名情况	当前管理机构	备注
浦东新区	上海高新技术产业开发区	上海张江高新技术产业开发区	上海市张江高新技术产业开发区管理委员会、上海市张江科学城建设管理办公室、中国（上海）自由贸易试验区管理委员会张江管理局	张江综合性国家科学中心、中国（上海）自由贸易试验区组成区域
浦东新区	上海国际旅游度假区		上海国际旅游度假区管理委员会	
浦东新区	上海金桥出口加工区（南区）	上海金桥经济技术开发区	上海金桥经济技术开发区管委会、中国（上海）自由贸易试验区管理委员会金桥管理局	与北区合并，并更名；中国（上海）自由贸易试验区组成区域
浦东新区	上海临港产业区	中国（上海）自由贸易试验区临港新片区	中国（上海）自由贸易试验区临港新片区管理委员会	
浦东新区	上海陆家嘴金融贸易区		中国（上海）自由贸易试验区管理委员会陆家嘴管理局	中国（上海）自由贸易试验区组成区域
浦东新区	上海南汇工业园区		上海南汇工业园区投资发展有限公司	
浦东新区	上海浦东康桥工业园区		上海浦东康桥（集团）有限公司	
浦东新区	上海浦东空港工业园区		中国（上海）自由贸易试验区管理委员会	
浦东新区	上海外高桥保税区		中国（上海）自由贸易试验区管理委员会保税区管理局	
浦东新区	洋山保税港区		中国（上海）自由贸易试验区管理委员会保税区管理局	
金山区	上海枫泾工业园区		上海金山区枫泾工业园区工会委员会	
金山区	上海化学工业园区		上海化学工业区管理委员会	

（续表）

区	名录中开发区名称	开发区合并、更名情况	当前管理机构	备注
金山区	上海金山工业园区		上海新金山工业投资发展有限公司	
金山区	上海朱泾工业园区		上海朱泾工业园区管理委员会	
奉贤区	上海奉城工业园区		上海奉城经济园区有限公司	
奉贤区	上海奉贤经济开发区		上海闵行出口加工区开发有限公司	
奉贤区	上海闵行出口加工区		上海闵行出口加工区开发有限公司	
奉贤区	上海星火工业园区		上海杭州湾经济技术开发有限公司	
崇明区	上海崇明工业园区		上海市崇明工业园区开发有限公司	
崇明区	上海富盛经济开发区		上海富盛经济开发区开发有限公司	

（注：上海自由贸易试验区范围涵盖金桥出口加工区、张江高科技园区）

（三）沿海区临海开发区总体状况

本市 23 个临海开发区核准总面积 65 705.19 公顷,约占全市陆地面积的 10%;海岸线长 24.6 千米;经营总收入(调查对象反映不掌握调查表中的"地区生产总值"指标数据,在此指标项中填报了园区内所有企业的经营总收入)25 300.3 亿元,主要集中在浦东新区,其经营总收入达 24 396 亿元,占比 96.4%;财政收入共计 367.66 亿元,占上海市一般预算公共收入的 6.7%,其中浦东新区占比 75.5%;税收收入共计 2824.62 亿元,占上海市税收收入的 20.2%,其中浦东新区占比 93.7%;进出口总额 2268.52 亿美元,占全市总量的 50.2%,其中浦东新区占比 96.2%;年末从业人员 440.69 万人,占全市总量的 32.4%,其中浦东新区占比 54.6%;固定资产投资额 1535.1 亿元,占全市总量的 24.2%(详见表 5 - 20)。

表 5 - 20   上海市临海开发区收入及从业人员情况

区	经营总收入（亿元）	财政收入（亿元）	税收收入（亿元）	进出口总额（亿美元）	年末从业人员（万人）	固定资产投资额（亿元）
浦东新区	24 396	277.76	2648.02	2182.07	240.58	1221
宝山区	171.9	5.5	19.9	4.6	2.84	12.8

（续表）

区	经营总收入（亿元）	财政收入（亿元）	税收收入（亿元）	进出口总额（亿美元）	年末从业人员（万人）	固定资产投资额（亿元）
金山区	579.5	24.9	95.1	50.73	7.30	274.8
奉贤区	135.4	18.8	25.8	30.44	4.97	22.9
崇明区	17.6	40.7	35.8	0.68	185	3.5
合计	25 300.4	367.66	2824.62	2268.52	440.69	1535
全市总计	24 964.99（GDP）	5519.5	13 989.51	4517.33	1361.51	6352.7
占全市比重		6.7%	20.2%	50.2%	32.4%	24.2%

（四）沿海区临海开发区入驻单位情况

临海开发区管理机构或填表单位填报的注册在开发区的单位数量为 60 704 家,因存在大量注册型单位,信息和数据无法获取,部分开发区管理机构填报的财政收入、从业人员数为估值,提供基本信息的实地经营单位为 5043 家,以此为基础形成新的临海开发区单位名录。

二、临海开发区基本情况

临海开发区专题调查的 23 个临海开发区分布在宝山区、浦东新区、金山区、奉贤区、崇明区 5 个沿海区。

（一）宝山区临海开发区

宝山区有临海开发区 2 个,均为省级开发区。经营总收入 171.9 亿元;财政收入 5.5 亿元;税收收入 19.9 亿元。各开发区基本情况如下:

（1）上海宝山城市工业园区:1995 年由上海市人民政府批准建立的高科技、外向型、综合性市级工业园区。园区规划面积 5.98 平方千米。目前已形成了以汽车零配件、日用化工、装备制造业为主的三大支柱产业。2017 年工业园区实现工业销售产值 531.17 亿元,同比去年增长 14.7%。

（2）上海宝山工业园区:园区规划面积为 21 平方千米。工业土地占总面积的 45%,商业、办公、总部研发、住宅等公共配套土地占总面积的 21%,绿化土地占总面积的 20%,道路、水系等基础设施土地占总面积的 14%。包括智能装备、新材料、健康等产业。

（二）浦东新区临海开发区

浦东新区共有临海开发区 11 个,其中,国家级 6 个,省级 5 个。经营总收入 24 396

亿元,占全市比重96.4%;财政收入277.76亿元,占比75.5%;税收收入2648.02亿元,占比93.8%。各开发区基本情况如下:

(1)上海金桥出口加工区及南区:1990年经国家批准成立的国家级经济技术开发区,位于上海浦东新区中部,西连陆家嘴金融贸易区,北接外高桥保税区,南接张江高科技园区,总规划面积27.38平方千米,分为金桥北区和南区两部分。主要发展先进制造业、生产性服务业、生活居住和综合配套服务。

上海金桥出口加工区(南区)现已与金桥出口加工区合并,并更名为上海金桥经济技术开发区。

2015年经营总收入1039.58亿元,单位数2990个,年末从业人员14.96万人。

(2)上海高新技术产业开发区:创建于1992年7月,与陆家嘴、金桥和外高桥开发区同为浦东新区4个重点开发区域。从上海高新技术产业开发区到张江高科技园区再到张江科学城,开发区被誉为中国硅谷,是中国(上海)自由贸易试验区的组成部分、上海具有全球影响力科技创新中心核心承载区、张江国家自主创新示范区核心园,承载着打造世界级高科技园区的国家战略任务。管理机构从张江高科技园区领导小组和办公室到张江高科技园区管理委员会再到张江科学城建设管理办公室(中国(上海)自由贸易试验区管理委员会张江管理局)。目前,开发区形成了以信息技术、生物医药为重点的主导产业,聚集了中芯国际、华虹宏力、上海兆芯、罗氏制药、微创医疗等一批国际知名科技企业。张江的企业有两大特点:

一是信息技术产业集群。张江集成电路产业是中国最完善、最齐全的产业链布局,共有307家相关企业。全球芯片设计10强中,有3家总部位于张江,有6家在张江设立了区域总部、研发中心。

二是生物医药产业集群。张江生物医药领域形成新药研发、药物筛选、临床研究、中试放大、注册认证、量产上市完备创新链。医疗器械领域已成为上海市最重要的高端医疗器械制造基地之一。多家全球知名制药企业已在张江设立了区域总部、研发中心。海洋生物和药物制品目前尚处于培育阶段,部分产品取得突破。由中国科学院上海药物研究所、中国海洋大学和上海绿谷制药联合自主研发的治疗阿尔兹海默病药物"甘露寡糖二酸"正式进入上市审评阶段。

张江现有国家、市、区级研发机构440家,上海光源、国家蛋白质设施、上海超算中心、张江药谷公共服务平台等一批重大科研平台,以及上海科技大学、中科院上海高等研究院、中科大上海研究院、上海飞机设计研究院、中医药大学、李政道研究所、复旦张江国际创新中心、上海交大张江科学园等近20家高校和科研院所,为企业发展提供研究成果、技术支撑和人才输送。

园区有国家上海生物医药科技产业基地、国家信息产业基地、国家集成电路产业基地、国家半导体照明产业基地、国家863信息安全成果产业化(东部)基地、国家软件产业基地、国家软件出口基地、国家文化产业示范基地、国家网游动漫产业发展基地等多个国家级基地。建有国家火炬创业园、国家留学人员创业园。

（3）上海陆家嘴金融贸易区：1990年经国务院批准建立，是全国国家级开发区中唯一以金融贸易区命名的开发区。目前拥有上海证券交易所、上海期货交易所、中国金融期货交易所等3家全国性金融市场机构，集聚了上海石油交易所、上海联合产权交易所等金融要素市场机构。中国外汇交易中心、上海黄金交易所等机构的业务部门也汇聚于此。

（4）上海国际旅游度假区：位于上海浦东新区中部地区，规划面积约24.7平方千米，其中核心区为7平方千米，包括上海迪士尼一期主题乐园及配套设施项目。该区域围绕上海建设世界著名旅游城市的发展目标，重点培育和发展主题游乐、旅游度假、文化创意、会议展览、商业零售、体育休闲等产业，打造现代服务业高地，并整合周边旅游资源联动发展，建成能级高、辐射强的国际化旅游度假区。上海迪士尼项目一期规划3.9平方千米，包括上海迪士尼乐园、两家主题酒店、一个零售餐饮娱乐区，以及人工湖、停车场和公共交通枢纽等设施。上海迪士尼项目是"迪士尼品牌"和"上海最佳实践"的有机结合，既继承迪士尼经典，又充分融合中国文化元素，演绎精彩中国风，将显著提升上海旅游文化娱乐等现代服务业发展水平。

（5）上海南汇工业园区：成立于1994年8月，园区重点发展以资本密集型和技术密集型为特征的光电子光伏产业、装备制造产业以及随之形成的生产性服务业。截至2009年底，园区共吸引合同外资11.09亿美元，内资注册资本为28.13亿人民币，工业固定资产投资85.56亿元；上海南汇工业园区是浦东新区新能源产业化基地，也是上海市首批19家生产性服务业功能区之一，现有卡姆丹克太阳能科技、艾郎风电科技、振华港机、罗尔斯-罗伊斯船舶等知名企业。

（6）上海浦东康桥工业区：创建于1992年5月，是上海最早的市级工业区之一，规划面积26.88平方千米，规划发展备用地13.9平方千米。园区共引进外资企业459家，总投资49.43亿美元，其中世界500强投资的项目32个；累计引进内资企业2677家，总投资188.82亿元，累计固定资产投入576.87亿元，其中工业固定资产投入274.39亿元。2015年，康桥工业区实现工业总产值2000亿元，税收达100亿元，园区正努力建成上海重要的战略性新兴产业基地和企业总部基地，"二次开发"和"产城融合"的示范基地。

（7）洋山保税港区：洋山保税港区是经国务院批准设立的中国第一个保税港区，是上海国际航运中心的核心载体。2005年12月10日正式启动，2010年基本建成。洋山保税港区具备集装箱枢纽港口、保税区、出口加工区、保税物流园区的所有功能，可开展国际中转、采购配送、进出口贸易、转口贸易和出口加工等各项业务，是国内枢纽港口和特殊监管区域中与自由港、自由贸易区国际惯例最为接近的区域。2007年，洋山保税港区完成集装箱吞吐量 610.8 万标准箱,进出口货值超过 740 亿美元,陆上区域保税业务正式运作,进出区保税货物金额达到 13 亿美元。

（8）上海外高桥保税区:1990 年经国务院批准正式启动,规划面积为 10 平方千米,是中国开发最早、规模最大的保税区,也是目前全国 15 个保税区中经济总量最大的保税区。上海外高桥保税区集国际贸易、先进制造、现代物流及保税商品展示交易等多种经济能力于一体,是上海市重要的现代物流产业基地、上海市重要的进出口贸易基地和上海市微电子产业带的重要组成部分。目前已形成国际贸易、加工制造、现代物流、保税商品展示 4 大功能为主要特色的口岸产业。

（9）上海临港产业区:位于上海东南角,包括临港产业区、物流园区、临港奉贤园区、主产业区及综合园区,目标是建设区域及全国海洋科技的新引擎、海洋经济的引领区、海陆联动的示范区、海洋环境的标杆区和海洋管理的创新区。上海临港产业区因其高起点规划、政策聚焦、立体交通、配套功能完善等优越条件已经得到越来越多国内外大型制造和物流产业集团的认可和青睐,成为建设制造基地和物流基地的首选之地,中船集团、中集集团、中国商用飞机公司、中航工业集团、上海电气、上海汽车、卡特彼勒、西门子、沃尔沃等一大批国内外著名产业集团和物流企业,已经入驻临港产业区。

2019 年 8 月 6 日,国务院印发《中国(上海)自由贸易试验区临港新片区总体方案》,设立中国(上海)自由贸易试验区临港新片区。规划范围在上海大治河以南、金汇港以东以及小洋山岛、浦东国际机场南侧区域。按照"整体规划、分步实施"原则,先行启动南汇新城、临港装备产业区、小洋山岛、浦东机场南侧等区域。

设立临港新片区是以习近平同志为核心的党中央总揽全局、科学决策作出的进一步扩大开放重大战略部署,是新时代彰显中国坚持全方位开放鲜明态度、主动引领经济全球化健康发展的重要举措。目标是到 2025 年,建立比较成熟的投资贸易自由化便利化制度体系,打造一批更高开放度的功能型平台,集聚一批世界一流企业,区域创造力和竞争力显著增强,经济实力和经济总量大幅跃升。到 2035 年,建成具有较强国际市场影响力和竞争力的特殊经济功能区,形成更加成熟定型的制度成果,打造全球高端资源要素配置的核心功能,成为中国深度融入经济全球化的重要载体。

（10）上海浦东空港工业园区:由原机场镇临空产业园区、川沙镇工业小区、上海祝桥空港工业区、老港化工工业区等 4 个工业开发区合并而成。园区依托浦东国际机场,未来将以航空配套、电子以及机械作为主要产业,成为浦东的主要开发区。

（三）金山区临海开发区

金山区共有临海开发区 4 个,均为省级开发区。经营总收入 579.5 亿元,占全市比重 2.3%;财政收入 24.9 亿元,占比 6.8%;税收收入 95.1 亿元,占比 3.4%。各开发区基本情况如下:

（1）上海朱泾工业园区：由原朱泾工业园区和原新农工业园区合并而成，是金山区三大市级工业园区之一。园区目前已开发超过7平方千米。园区内道路、供电、给排水、通信、天然气等公用设施配套齐全，"七通一平"已基本形成。至目前已建成道路近30万平方米，绿化近10万平方米，日供自来水能力约5万吨，拥有3.5万伏变电站及开关站各一座，日供电能力70万千瓦，园区已落户企业近130家。

（2）上海化学工业园区：规划面积29.4平方千米。园区以石油和天然气化工为重点，发展合成新材料、精细化工等石油深加工产品，构建乙烯、异氰酸酯、聚碳酸酯等产品系列，是国家新型工业化产业示范基地、国家级经济技术开发区、国家生态工业示范园区、国家循环经济工作先进单位。目前，已有英国石油化工，德国拜耳、巴斯夫、赢创德固赛，美国亨斯迈，日本菱优化工、三井化学等世界著名跨国公司和中石化、上海石化等国内大型企业落户。目前已形成杭州湾北岸60平方千米化工产业带，实现每年4000万吨炼油、350万吨乙烯生产能力和近6000亿元工业总产值。

（3）上海金山工业区：园区规划面积58平方千米，是上海市政府重点支持发展的市级工业区，是上海市打造杭州湾北岸先进制造业基地战略的主战场。金山工业区始终坚持"两业"并举，着力提升传统产业能级的同时，加快发展战略性新兴产业，重点发展新一代信息技术、智能制造、生命健康、文化创意、新材料等主导产业，经济规模不断壮大，产业优势更加突出，配套功能日益完善，发展环境不断优化。

（4）上海枫泾工业区：经上海市人民政府批准的市级工业区，上海市品牌建设优秀园区。至目前为止累计引进实业型项目255个，形成了汽车及汽车零部件、新材料及通用机械、纺织服装及服装机械、黄酒酿造及食品制造等4个主导产业，以及正在规划开发建设的新能源产业化基地。目前拥有中国名牌1个，中国驰名商标1个，国家免检产品4个，上海名牌10个，上海著名商标7个，市级研发中心4个，区级研发中心4个，高新技术企业17个，高新技术成果转化25项，国家重点新产品5项，上海市重点新产品9项，累计申请专利1000多项。

（四）奉贤区临海开发区

奉贤区共有临海开发区4个，1个国家级，3个省级。经营总收入135.3亿元；财政收入18.76亿元，全市占比0.5%；税收收入25.75亿元，占比0.1%。各开发区基本情况如下：

（1）上海闵行出口加工区：于2003年经国务院批准设立，位于上海市工业综合开发区境内。重点发展以机械电子信息、光机电、精密机械等为主导的高新技术产业。2007年，闵行出口加工区实现进出口总额8.17亿美元，实现工业总产值35.68亿元，利润总额4.44亿元。

（2）上海奉城工业园区：经国家发展改革委核准、上海市人民政府批准设立的市级工业开发区。开发区管辖权属奉贤区青村镇人民政府,并由开发主体上海奉城工业园区开发有限公司全面负责园区的招商引资和开发建设。园区是以先进制造产业和新能源为一体的具备国际领先管理服务标准的产业链集聚型开发区。

(3)上海奉贤经济开发区:前身是上海奉贤现代农业园区,成立于 2001 年,是上海市九大市级开发区之一。园区分为生产型服务业功能区和生物医药产业功能区两大板块。2009 年分别被国家发展改革委和商务部及科技部列为"国家生物产业基地"以及"国家科技兴贸创新基地(生物医药)",已有上海莱士、上海铭源数康生物芯片、上海海利生物医药、赛可赛斯药业等生物医药企业落户。

(4)上海市星火开发区:1984 年由上海市人大、市政府批准设立并由国家发展改革委核定的省级工业园区,规划面积 7.4 平方千米。星火开发区被国家发展改革委确定为上海国家生物产业基地,被商务部、科技部命名为国家科技兴贸创新基地(生物医药)。截至 2014 年末,入驻实业型企业 136 家。实现工业总产值 192.77 亿元,工业固定资产投资 3.52 亿元,纳税 6.02 亿元;其中地方税收 1.11 亿元,比上年增长 6.52%。内资到位资金 1.58 亿元,比上年增长 18.13%;合同外资 392 万美元;进出口额为 17.26 亿美元。

(五)崇明区临海开发区

崇明区共有临海开发区 2 个,均为省级开发区。经营总收入 17.6 亿元;财政收入 40.8 亿元;税收收入 35.8 亿元。各开发区基本情况如下:

(1)上海崇明工业园区:1996 年 2 月经上海市人民政府批准,园区先后荣获"上海市高科技产业基地"和"上海市科技园区"称号。自设立以来,共引进注册企业 6000 多家,落户企业 51 家。2013 年全年实现税收 18.75 亿元,同比增加 16.3%;落户企业实现工业总产值 16.9 亿元,同比增长 22.7%;新引进注册企业 737 户,同比增长 11%;完成协议投资总额 3 亿元。2014 年园区实现税收 18.93 亿元,较上年同期增加 0.18 亿元,同比增长 0.94%;已投产落户企业实现工业总产值 15.35 亿元,较上年同期增加 1.05 亿元,同比增长 7.34%;新引进注册企业 845 户,同比增长 15%,为年计划的 241%;新引进实体项目 13 个。

(2)上海富盛经济开发区:成立于 1994 年,是上海市人民政府批准设立的市级开发区。开发区作为制造业转型升级集聚区,在促进传统机械制造业和节能环保等产业转型升级的同时,积极拓展体育文化、金融服务和大健康等产业,并在园区建造了完善的生活配套区,方便了服务型企业的落户和发展。目前开发区已拥有包括上港足球俱乐部、上电电力、康业建筑等 5000 多家注册企业和 30 家驻区企业。

第四节　海岛海洋经济专题

一、区域背景

（一）海岛所在区域自然资源

崇明区位于长江入海口,由崇明、长兴、横沙三岛组成,总面积1411平方千米,其中崇明岛是世界上最大的河口冲积岛,也是继台湾岛、海南岛之后的中国第三大岛。崇明岛素有"长江门户""东海瀛洲"的美誉,陆域总面积1267平方千米。长兴岛位于吴淞口外长江南支水道,陆域总面积88平方千米。横沙岛是长江入海口最东端的一个岛,陆域总面积56平方千米。凭借优越的地理位置,三岛森林覆盖率高达24%,拥有明珠湖、西沙湿地、东平国家森林公园等9大国家级旅游景区,空气清新,因此崇明又被誉为中国的"长寿之岛",每年旅游度假人数高达500万人次。2016年崇明撤县划区,国家"十三五"规划中也多次提到将崇明岛打造成世界级的旅游度假生态岛屿。

崇明区地处北半球亚热带,属典型海洋性气候,温和湿润,全年日照约2094.2小时,年平均气温15.2℃,无霜期229天。崇明区环江靠海,雨水充沛,年平均降雨量1025毫升。全区林地总面积40多万亩(1亩约为666.67平方米),三岛森林覆盖率达24%。全区生活垃圾无害化处理率达98%以上,全区相继建成覆盖城乡的5大污水处理厂,11个集镇生活污水处理站,城镇污水处理率达82.9%。崇明大气环境质量常年保持在国家一级标准,空气优良天数占全年的90%以上,空气相对湿度常年保持在80%,空气中的负氧离子含量为每立方厘米1000—2000个。2010年4月,崇明荣获全国绿化模范县光荣称号。2016年,崇明被生态环境部授予"国家生态县"称号。

（二）海岛所在区域地理概况

崇明区三岛位于西太平洋沿岸中国海岸线的中点,是万里长江东流入海的门户,是我国东部沿海地区水路交通的重要十字路口,三岛组成了上海市崇明区,下辖16个镇和2个乡。2009年10月31日,世界上规模最大的桥隧结合工程——上海长江隧桥建成通车,崇明、长兴两岛与上海陆域实现陆上连通。崇明本岛距离上海市中心人民广场45千米,浦东国际航空港40千米,车程均在40分钟以内。2011年底,连接崇明和江苏启东的崇启大桥贯通。

（三）海岛资源环境情况

崇明岛是21世纪上海可持续发展的重要战略空间。坚持三岛功能、产业、人口、基础设施联动,分别建设综合生态岛、海洋装备岛、生态休闲岛,依托科技创新,推行循环经济,发展生态产业,努力把崇明建成环境和谐优美、资源集约利用、经济社会协调发展的现代化生态岛区。功能定位主要体现在 6 个方面:森林花园岛、生态人居岛、休闲度假岛、绿色食品岛、海洋装备岛、科技研创岛。

长兴岛作为上海市一大产橘基地,目前,全岛柑橘面积 20 000 亩,2016 年总产量达 40 000 吨;长兴岛水源充足,水产资源丰富,每年淡水鱼养殖和远洋捕捉的各类水产达 3690 吨。岛内得天独厚的自然条件和丰富的自然资源使旅游业得到了充分发展,景点主要有上海橘园、垂珠园、上海特技城、先丰度假村、石沙野生动物园、绿岛芦荡迷宫、星岛度假乡村俱乐部等,每年吸引众多游客观光。

横沙岛位于长江口的最东端,是崇明区三座岛屿中最小的一座,功能定位是"休闲度假岛",主要开发国际会务会展中心、国际娱乐中心、低密度高档住宅别墅区、游艇俱乐部等项目。

二、社会发展

(一) 海岛地区人口

调查数据显示,崇明区三岛人口共计约 67 万,其中女性人口 34 万。

(二) 海岛地区基础设施建设情况

根据海岛海洋经济专题调查数据统计,崇明区有星级饭店 4 个,客房总数 712 间,污水处理厂 5 座,垃圾处理站 2 个。

18 个乡镇有储蓄所 137 个,公路里程 4012.277 千米,市场 52 个,公园 103 个,通自来水的村为 379 个,小学 33 所,普通中学 38 所,图书馆、文化站 26 个,剧场、影剧院 5 个,体育场馆 3 个,医院、卫生院 32 个,医生 1199 人,敬老院、福利院 39 个(详见表 5-21)。

表 5-21　上海市崇明区各乡镇基础设施情况

乡镇	储蓄所数(个)	公路里程(千米)	市场(个)	公园(个)	通自来水的村(个)	小学(所)	普通中学(所)	图书馆文化站(个)	剧场影剧院(个)	体育场馆(个)	医院卫生院(个)	医生(人)	敬老院福利院(个)
城桥镇	57	420	7	70	14	4	10	6	1	2	7	537	2
向化镇	3	160	2	1	11	1	1	1	0	0	1	25	4
中兴镇	3	425	2	1	112	1	1	1	0	0	1	23	1

（续表）

乡镇	储蓄所数（个）	公路里程（千米）	市场（个）	公园（个）	通自来水的村（个）	小学（所）	普通中学（所）	图书馆、文化站（个）	剧场、影剧院（个）	体育场馆（个）	医院、卫生院（个）	医生（人）	敬老院、福利院（个）
建设镇	5	142	4	0	13	2	2	1	0	0	1	31	2
堡镇	8	17	3	1	18	4	5	2	1	1	2	161	2
长兴镇	6	192.85	3	1	23	2	2	1	1	0	3	50	1
横沙乡	3	149.857	1	0	24	1	1	1	0	0	1	26	2
新河镇	9	16.1	2	0	17	2	2	1	0	0	3	30	3
庙镇	9	520	3	1	28	3	2	1	0	0	2	117	6
新村乡	2	13	1	0	6	1	0	1	0	0	1	7	1
竖新镇	6	186.5	2	26	21	2	2	2	1	0	1	19	2
陈家镇	7	535	2	0	20	2	3	1	1	0	1	39	5
港西镇	3	180	2	0	12	1	1	1	0	0	1	19	2
三星镇	5	518.97	5	0	21	1	1	1	0	0	1	33	1
新海镇	2	43	4	0	5	1	1	1	0	0	1	18	1
港沿镇	5	240	2	0	21	2	2	1	0	0	2	34	2
东平镇	2	53	4	1	6	2	2	1	0	0	1	23	1
绿华镇	2	200	2	1	7	1	0	2	0	0	1	7	1
合计	137	4012.277	52	103	379	33	38	26	5	3	32	1199	39

　　2015 年上海市三岛重大基础设施建设加快推进。总投资 47 亿元的中海长兴岛码头工程，全年完成投资 0.2 亿元；总投资 28 亿元的崇明燃气电厂一期工程，全年完成投资 1.8 亿元；总投资 16.7 亿元的崇明东滩市政配套道路工程（一期），全年完成投资 2.7 亿元；总投资 12.3 亿元的崇明岛原水输水一期工程，全年完成投资 0.3 亿元；总投资 8.3 亿元的上海横沙渔港核心功能区建设项目，全年完成投资 0.3 亿元；总投资 6.9 亿元的长兴岛圆沙动迁基地配套工程，全年完成投资 1.6 亿元；总投资 6.6 亿元的智慧岛数据产业园办公用房，全年完成投资 1.4 亿元；总投资 9 亿元的北堡和前卫风电项目，全年完成投资 4.5 亿元；总投资 8.7 亿元的堡镇和崇西水厂工程，全年完成投资 1 亿元；总投资 3.7 亿元的固体废弃物处置中心，全年完成投资 1.5 亿元；总投资 8.1 亿元的长兴岛水系

整治工程,全年完成投资 2.8 亿元。市政道路、基础设施建设有序推进。总投资分别达到亿元以上的陈家镇赢东路、辐三路、安秀路、环二路、裕鸿路二期等工程开工建设;新城宝岛路 1—3 期项目有序推进。百联崇明商业广场购物中心项目完成主体结构施工,区档案馆建成使用,区商务中心、区环境监测基地基本建成。

(三) 海岛地区公共服务情况

1. 教育

教育设施进一步改善。上海市东滩思南路幼儿园已开工建设;上海实验学校附属东滩学校项目有序推进;裕安社区初中项目完成结构封顶;裕安社区小学项目已竣工;长兴镇凤西路幼儿园项目已开工建设;上海工程技术管理学校长兴校区、江帆小学项目正在室外总体施工。

2. 文化和体育

文化设施逐步完善。总投资约 2.5 亿元的新广电中心项目已完成选址。在现有城桥镇、堡镇、陈家镇和长兴镇 4 个数字电视区域的基础上,对周边相对集中的居民住宅进行 NGB 双向网络改造并开展数字电视整转工作,使 NGB 双向网络进一步覆盖到新河镇和港西镇,完成 6 个乡镇的其他农村地区数字电视整转工作。

文化服务品质得到提高。区图书馆举办瀛洲大讲坛 10 场,参与观众共计 1500 人次。区文化馆集中开展各类培训活动 11 次,参与人数 410 人。举办“崇明抗战童谣图片展”等展览活动 11 次,参观人数 3000 人次。区博物馆全年共接待近 5 万游客;举办道德讲堂系列讲座 6 期,听众 300 多人次;开展“5·18”国际博物馆日、中国文化遗产日等纪念活动,共接待参观游客近 2000 人次。崇明美术馆举办 11 场艺术展览,参观人数 2000 多人次。文化产业阵地得到巩固。凤瀛洲影剧院组织各类演出 18 场次,放映电影 1314 场次,观众达 1.1 万人次。放映“阳光”学生专场电影 64 场次,观看人数达 2 万人。

大力推进公共体育设施建设。新建百姓健身步道 16 条,新建或改建百姓灯光球场 20 片、健身点 140 个,建设贯通自行车绿道 350 千米,启动堡镇市民健身活动中心建设。

体育赛事活动丰富多彩。举办了环崇明岛女子公路自行车赛和国际自盟女子公路世界杯赛、上马系列赛·崇明森林马拉松赛、崇明社会足球联赛等赛事。全年共举办青少年比赛 17 次、区级群众性赛事 54 次、乡镇级群众活动 540 余次。积极组队参加市民体育大联赛。其中“三打三”篮球赛、五人制足球赛、游泳、健身秧歌、练功十八法、健身气功等项目取得了较好成绩。先后承办了第八届农运会乒乓球比赛、上海市红土网球公开赛、上海市风筝总决赛、上海市健身气功总决赛、上海市老年人健身秧歌比赛、上海市老年人钓鱼比赛等 6 项市级体育比赛。青少年竞技体育稳中有进。

3. 卫生和计划生育

持续推进医药卫生体制机制改革:公立医院体制机制改革进一步深化;落实相关配套文件,在公立医院运行机制、监管机制、评价机制、投入机制、绩效考核等方面有所突破。加强综合医院建设:推进新华崇明分院三级医院建设工作和市区医院合作项目;本市3家区级医院分别与市三级医院开展合作共建工作;派遣医疗专家100多人;积极引进新技术,加强医疗诊治能力建设。深化区域医疗联合体试点。组织开展医联体专家下基层80余人次,接诊患者约2500余人次。推进"三个诊断中心"建设:2015年心电诊断中心完成6万人次、检验诊断中心完成12.3万人次、放射诊断中心完成9.4万人次的检查诊断。推进卫生信息化建设:2015年实现了利用先进的"虚拟化技术"及"云计算管理技术"将区域卫生信息化平台打造成云计算平台,建立了覆盖全区18家社区的区域电子病例系统。不断深化社区卫生服务中心综合改革:2015年对东平镇、建设镇、港沿镇、新村乡、横沙乡等5家社区卫生服务中心进行综合整改。18家社区卫生服务中心共建立"全科服务团队"152个。2015年完成乡村医生定向培养计划招生数8名。国家慢性病综合防控示范区工作得到巩固。新农合医疗保障水平稳步提升:2015年全区参合总人数24.5万人,农民实际参合率99.63%;农村合作医疗人均筹资水平达到1800元。

认真落实现行"单独两孩"政策,2015年共审批再生育申请近600件。辖区内优生知识知晓率达到100%,孕前优生健康检查达到全覆盖率,全区已完成731对计划怀孕夫妇免费孕前优生健康检查。流动人口计划生育工作得到加强。

4. 社会保障

城乡居民收入稳步提高:2015年,崇明农村居民家庭人均可支配收入为18 795元,比上年增长10.2%,完成年度目标任务。城镇居民家庭人均可支配收入为37 940元,比上年增长9.0%。

保障性住房建设稳步推进:2015年新增租金配租家庭28户,发放租金补贴101.8万元;开展了廉租住房申请家庭摇号选房活动,共有64户家庭签订实物配租合同;新增公共租赁住房142套,竣工单位租赁住房1247套。商品房建设力度加大:总投资54.1亿元的陈家镇裕安社区9至18期完成投资13.5亿元;总投资18.1亿元的城桥镇1号和2号地块商品房完成投资1.4亿元;总投资18.0亿元的城桥镇18号地块商品房完成投资0.2亿元;总投资10.5亿元的陈家镇滨江社区四期商品房完成投资1.1亿元;总投资15.0亿元的陈家镇滨江生态休闲运动社区完成投资3.2亿元;总投资9.8亿元的城桥镇中津桥地块商品房完成投资1.6亿元。老旧住房安全隐患处置:2015年共完成了696户老旧住房处置整改工作;完成农村低收入户危旧房改造任务480户。

社会保障进一步完善。稳步提高城乡居民养老保险基础养老金,基础养老金标准由上年的每人每月540元调整为每人每月660元。开展节日期间帮困送温暖活动,覆盖各类对象6.6万人(户)次,投入资金2585万元。实现低保标准城乡一体化,城镇、农村低保标准统一调整至每人每月790元。对城乡低保、重残无业、五保、临时救助、支出型生活困难补助对象等发放救助金,发放对象28万人次计9800万元,实施综合帮扶1224人次计392万元。为老服务体系建设继续加强:全年完成新增823张养老床位、新增1家养老内设医疗机构、新建2个社区老年人助餐点的市政府实事项目;完成新建8家、改建50家标准化老年活动室等为老项目。加强居家养老服务管理,完成新增1500名居家养老服务对象任务。开展老年人关爱活动。实施为老公益服务招投标项目,推进银发无忧保障工作,组织春节、高温、敬老日期间走访慰问活动,评选表彰"上海市十大寿星",营造全社会敬老爱老的氛围。助学、助医、助老、助困等慈善活动广泛开展,全年救助2133人次143.3万元。接收各类慈善捐款276万元,物资8批折合193.6万元。

继续提高各类优抚对象抚恤补助标准,全年发放抚恤补助金5258.2万元,审核发放医疗补助金229.7万元。元旦春节期间,共向6048名优抚对象发放各类补助及优待金412.9万元。完成210名退役士兵、36名转业士官、149名退伍义务兵的培训、安置、一次性补助金发放等工作。

5. 生态岛建设和环境保护

启动实施第六轮环保三年行动计划。安排81个实施项目,已完成25项,开工和启动49项。全力推进清洁空气行动计划:完成190台燃煤(重油)锅炉和工业窑炉清洁能源替代;对205台经营性小茶炉等分散燃煤设施实施整治;推进挥发性有机物(VOCs)排放企业治理,8家挥发性有机物排放重点企业全部完成治理方案;取缔69个露天石材敞开式作业点;完成3家开启式干洗机整治;市政府关注的大气污染防治5项重点工作均位居全市前列,区域降尘指标位列全市第一。组织开展区域生态环境综合治理:东风西沙饮用水源地及周边的绿华镇、三星镇、庙镇等3个镇区全域作为首批重点整治板块;已完成水源地二级保护区5.63公里截污纳管工程;东风西沙饮用水源地警示标志建设工程基本建成;绿华养鸡场已关闭,上海安华船厂已经停产;28家企业工业土地减量化任务启动率达100%,清障整理率达75%;137家不规范养殖户退养和提升改造工作启动率达100%。加快推进污染减排重点项目:4个国家重点减排项目已经整厂关闭,4个农业减排项目正抓紧建设;全区13家重点企业的在线监测系统全部通过验收,并与国家、市、区环保部门三级联网,实现24小时在线监控,重点企业主要污染物排放情况得到有效控制;2015年,全区工业化学需氧量(COD)、氨氮(NH_3-N)、二氧化硫(SO_2)、氮氧化物(NO_x)4个主要污染物排放量分别为4403.52吨、133.47吨、1008.19吨、395.81吨,全面完成"十二五"规划控制目标。加快推进中小河道整治,开展镇村级河道轮疏和水闸改扩建工程,全年轮疏河道2818千米。启动建设小农水项目6个,农村生活污水处理设施建设5245户。2015年完成3条段17.6千米镇级河道生态治理的前期立项审批准备工作,推进13个乡镇的河道景观廊道建设,涉及各级河道约75千米,建设面积共约 1.78 平方千米。全力推进南横引河东段河道综合整治项目,同时启动南横引河西段综合整治前期工作。深入推进饮用水源地专项整治,全区水环境质量评估断面水质达标率为 100%。全力推进"12 万户生活垃圾分类覆盖区域"工作。生活垃圾末端处置量为 362 吨/日,生活垃圾分类覆盖区域累计推进 14.3 万户,创建生活垃圾分类达标居住区 50 个,新建 6 个湿垃圾处理点。

三、海岛经济发展

(一)海岛总体经济水平和产业结构

2015 年崇明区完成增加值 291.2 亿元,比上年增长 7.0%。其中,第一产业小幅下降,完成增加值 22.9 亿元,下降 2.3%;第二产业略有增长,完成增加值 130.7 亿元,增长 1.9%;第三产业对全区经济总量的拉动作用明显增强,完成增加值 137.6 亿元,增长 14.3%。在增加值的三次产业构成中,第一、二、三产业的比重由 2014 年的 8.6∶47.2∶44.2 调整为 7.9∶44.9∶47.2。

财政收入保持较快增长,民生支出得到保障。2015 年全区实现财政总收入 119.4 亿元,比上年增长 22.1%,其中区级财政收入 55.0 亿元,增长 19.7%,高于年度计划 11.7 个百分点。在区级财政收入中个人所得税、营业税、企业所得税都比上年有不同程度的增长。2015 年地方财政支出 163.4 亿元,增长 19.5%,其中,用于城乡社区事务支出、教育支出、农林水事务支出、社会保障和就业支出等占据前 4 位。

1. 农业

农业生产环境明显改善。一是减少农业面源污染:继续实施化肥农药减量工作,推广应用商品有机肥 3 吨,应用 12 万亩;推广测土配方施肥 8 万亩次,缓释肥 1250 亩;推广高效低毒低残留化学农药 33 种 80 多吨,应用 40 多万亩次。二是大力推广秸秆机械化还田工作:秸秆机械化还田 35 万亩,主要农作物秸秆综合利用率达 87%。三是推进农村中小型不规范养猪场综合治理:整治农村不规范养猪场 166 户。

粮食生产能力稳步提升。推进区级良种统供工作。供应优质水稻 125.39 万千克,秋播二麦种子供应 155.38 万千克,绿肥种子供应 165.65 万千克,良种率达 100%。推广落实水稻机插秧工作。实施水稻机械化育插秧面积 10 万亩,机械化种植率达 33%,建立 13 个水稻机械化育插秧基地,覆盖 17 个乡镇。农业标准化建设得到加强。2015 年,全区新增有机、绿色、无公害农产品 111 种。崇明水仙获农业农村部农产品地标保护产品登记证书。推进市区级蔬菜标准园创建。确定上海兴胜蔬菜专业合作社、上海万禾果蔬专业合作社、上海杨氏蔬果专业合作社等 6 家单位为 2015 年市县级蔬菜标准园创建单位,创建面积 1859 亩。进一步完善农业基础设施。推进上海瀛阳农业发展有限公司崇明白山羊扩繁场标准化生态养殖基地建设,完成中华绒螯蟹良种繁育场和上海申发果蔬专业合作社标准化Ⅰ型养殖场改造项目。鼓励农业主体开展产销对接,已发展社区直销点25个,新增8辆移动售货车。

农村综合改革深入推进,推进村级产权制度改革。全面启动130个村的产权制度改革,现已基本完成全区245个应改尽改村的村级集体经济组织产权制度改革工作。完成农村土地承包经营权确权登记工作。基本完成全区(除绿华镇外)227个行政村,共计53.67万亩农户承包地的确权登记工作。积极培育和发展家庭农场。新增家庭农场139家。推进"开心农场"项目建设。横沙乡兴隆、竖新镇新征和庙镇合中开心农场等项目已正式启动。推进美丽乡村建设。全年对37个村庄进行施工改造,年内完成重点区域的项目建设。

2015年实现农业总产值60.1亿元,比上年下降3.7%。其中,种植业实现产值29.5亿元,下降9.4%;林业实现产值1.9亿元,增长152.8%;畜牧业实现产值11.6亿元,增长6.8%;渔业实现产值15.3亿元,下降6.6%;农业服务业实现产值1.8亿元,下降0.6%。

2. 工业

全区工业生产低位运行,增长幅度经历由"降"转"增"的过程。2015年,全区实现工业总产值371.8亿元,比上年增长5.4%。其中:规模以上工业产值339.1亿元,增长6.5%,占全区工业总产值的91.2%。全区6大主导行业完成工业总产值303.6亿元,增长7.5%,占规模以上工业总产值的89.5%。海洋装备产业实现工业总产值255.3亿元,增长14.4%。

工业结构调整进一步加大力度。全年淘汰落后产能项目20个,其中市、区推进项目各10个,超额完成市下达的目标,拨付专项资金600万元,降耗折合标煤约7810吨,减少产值1.6亿元,可腾出土地约286亩。实施差别电价企业5家,完成列入市粘土砖专项整治砖瓦企业3家。节能降耗推进有力:对乡镇下达节能降耗和燃煤锅炉替代目标,全区190台燃煤锅炉和工业窑炉清洁能源替代任务全部完成;9家企业通过清洁生产审核,6家通过预评估;对3家企业固定资产投资项目节能评估,备案登记6家,2014年度工业节能降耗考核排名在全市名列前茅。积极扶持和发展中小企业:审定2014年度区扶持工业企业发展专项资金项目72个,涉及企业49家,扶持资金1016.2万元;9家企业获2015年市文化创意产业专项资金1180万元,3家企业获2015年第一批市中小企业发展专项资金234万元;复评并新认定市"专精特新"中小企业47家。建立企业"绿色信贷联盟"。完善岛内外企业数据库,其中录入岛内企业1266家,岛外29 430家。申报市重大技术研制、"四新"经济应用等专项资金项目8个,申请扶持资金4780万元。

3. 固定资产投资

固定资产投资略有增长,房地产投资增幅显著。2015年,全区完成固定资产投资135.6亿元,比上年增长0.2%。其中建设项目投资76.7亿元,下降22.3%,占全区投资总额的56.6%;房地产项目投资59.0亿元,增长61.0%,占全区投资总额的43.5%,比上年增加 16.4 个百分点。从产业构成看,第一产业完成投资 1.6 亿元,下降 67.8%;第二产业完成投资 13.6 亿元,下降 19.8%;第三产业完成投资 120.4 亿元,增长 6.2%。

三大重点地区投资总量占据半壁江山。长兴镇、陈家镇和城桥新城三大重点地区全年共完成投资 76.1 亿元,比上年下降 3.5%,占全区投资总额的 56.1%。其中长兴地区完成投资 17.3 亿元,新城地区完成 24.1 亿元,陈家镇地区完成 34.8 亿元。

4. 内外贸易

消费市场商品品种丰富,增长保持稳定。2015 年实现全区社会消费品零售总额 97.2 亿元,比上年增长 12.1%,增幅高于年度目标 0.1%。从构成看,全区零售业实现消费品零售额 83.7 亿元,增长 12.1%,占全区社会消费品零售总额的 86.1%,继续保持绝对主导地位;批发业实现零售额 4.4 亿元,增长 11.9%;住宿业实现零售额 3.6 亿元,增长 12.0%;餐饮业实现零售额 5.5 亿元,增长 12.2%。集贸市场持续发展,全年集市贸易成交额 24.9 亿元,增长 13.4%。

招商引资成绩显著。2015 年全区引进各类企业 13 723 户,比上年增长 35.3%,其中长兴、横沙成招商引企大户,引进企业占全区总数的 51.9%;全年累计实现税收额 110.7 亿元,增长 24.4%,其中工业园区、长兴镇税收额超过全区总数的 1/3。

利用外资继续向好。2015 年,全区审核批准外资项目 89 个,比上年增长 58.9%;外资企业投资总额 16 673 万美元,增长 109.5%;注册资本 9127 万美元,增长 60.6%;合同外资 8705 万美元,增长 57.4%;实到外资 1451 万美元,下降 39.7%。

5. 旅游

生态休闲旅游业稳步发展。2015 年,全区共接待游客 466.8 万人次,比上年下降 4.1%;实现营业收入约 10 亿元,比上年增长 34.9%。

旅游发展规划进一步完善,编制完成《崇明县旅游业"十三五"发展规划》《全县乡村旅游发展规划》《全县旅游发展战略策划》。旅游扶持政策得到落实,制定出台了新一轮《关于加快崇明旅游业发展的扶持奖励办法》《"崇明农家"住宿管理暂行办法》,鼓励和引导农业旅游转型升级。优势旅游资源逐步整合:推动东滩湿地公园 4A 创建工作和鸟类保护区的升级改造,东滩地区互花米草治理工程成效初显,东滩鸟类保护区科普教育基地二期工程建设完成;完成了森林公园"万千工程"和森林公园房车营地建设,东平草堂精品酒店完成土建工程,绿岛漫心度假村年内启动装潢前期工作,东平森林 1 号完成土建量的 50%;推进西沙·明珠湖地区综合改造项目建设,基本建成区域内自行车绿道环线;牛棚港地质公园建设完成前期工作;投资 4500 万元的森林公园房车营地建设完成,拥有德系、美系、澳系等各类房车 90 辆;紫海鹭缘成功创建国家 3A 级旅游景区,东滩湿地公园启动了国家 4A 级旅游景区创建工作,三民文化村、瑞华果园市级旅游标准化示范试点创建成功。积极推动节庆模式转型:2015 年组织策划了自行车嘉年华、森林旅游节开幕式和花车巡游活动,指导旅游企业举办了烧烤露营节、薰衣草节、橘黄蟹肥节、金秋美食节、金秋美食嘉年华等森林旅游节系列活动,开展"我最喜爱的崇明十大美食"评选活动,推出了"舌尖上的崇明""会议绿洲"等系列旅游产品,激活崇明旅游市场,吸引更多游客前来休闲旅游。

6. 金融

金融改革不断深化,银行存贷款持续增长。2015 年末,全区有各类金融机构 11 家;各项银行存款余额 769.1 亿元,比年初新增 60 亿元;城乡居民储蓄存款余额 427.2 亿元,比年初略有增长;各项贷款余额 491.9 亿元,比年初新增 109.4 亿元。

（二）海岛就业情况

2015 年崇明区劳动就业得到进一步加强。及时出台就业扶持政策及操作细则,全年发放就业专项资金 1.1 亿元。积极开展各种职业技能培训,提升劳动者技能素质,全年开展职业技能培训 13 457 人次,开展农民工安全培训 2 万人次。

启动创业型城区建设工作,通过创业带动就业。全年共帮扶成功创业 279 人,完成创业教育 600 人,创业培训 1440 人,发放各类贷款 3.1 亿元,享受各类补贴和奖励 3000 万元。举办 18 场招聘面试会、6 场职业指导讲座,并制定一对一的"启航计划书",实现帮扶就业 480 人,接受职业指导 359 人,推荐职业见习 157 人,推荐参加职业培训 43 人。

继续推进落实"双特"政策,召开 11 场"双特"政策宣讲会,发放宣传资料 1100 多份,共帮助 1034 名就业困难人员实现就业,为 6058 人次申请"双特"政策补贴 484.6 万元。

做好崇明籍大学生回乡工程项目,组织 262 名崇明籍大学生开展暑期回乡实习活动。组织实施长兴海洋装备企业就业项目,帮助 212 人实现就业。

全区共实现新增就业 9397 人,顺利完成了新增就业 9000 人的指标。

（三）海岛法人单位分析

通过统计数据共享获取 2015 年崇明海洋法人单位 8907 家,按产业分类,涉海服务企业数量最多,为 1171 家,占比 13.15%;交通运输业、工程装备制造业、旅游业、船舶工业分别为 199 家、140 家、123 家、50 家(详见表 5 - 22)。

表 5 - 22　崇明区海岛法人数量按产业分类汇总

产业分类	单位数量(家)	占海岛法人单位比重
海水利用业	2	0.02%
海洋产品零售	220	2.47%
海洋产品批发	67	0.75%

（续表）

产业分类	单位数量(家)	占海岛法人单位比重
海洋船舶工业	50	0.56%
海洋工程建筑业	9	0.10%
海洋工程装备制造业	140	1.57%
海洋管理	129	1.45%
海洋化工业	6	0.07%
海洋环境监测预报减灾服务	1	0.01%
海洋技术服务业	179	2.01%
海洋交通运输业	199	2.23%
海洋教育	38	0.43%
海洋科学研究	24	0.27%
海洋可再生能源利用业	1	0.01%
海洋旅游业	123	1.38%
海洋农、林业	842	9.45%
海洋社会团体与国际组织	79	0.89%
海洋生态环境保护	5	0.06%
海洋水产品加工业	1	0.01%
海洋新材料制造业	47	0.53%
海洋信息服务业	178	2.00%
海洋药物和生物制品业	5	0.06%
海洋仪器制造	3	0.03%
海洋渔业	10	0.11%
涉海产品再加工	10	0.11%
涉海服务	1171	13.15%
涉海建筑与安装	222	2.49%
涉海金融服务业	10	0.11%
涉海设备制造	165	1.85%
涉海原材料制造	26	0.29%
其他	4945	55.52%
合计	8907	

崇明区海岛法人按乡/镇分类,城桥镇单位数量最多,为2077家,占比23.32%;其次是长兴镇822家,占比9.23%(详见表5-23)。

表5-23 崇明区海岛法人数量按乡/镇分类汇总

乡/镇	单位数量(家)	占海岛法人单位比重
城桥镇	2077	23.32%
堡镇	553	6.21%
新河镇	456	5.12%
庙镇	446	5.01%
竖新镇	451	5.06%
向化镇	343	3.85%
三星镇	342	3.84%
港沿镇	437	4.91%
中兴镇	354	3.97%
陈家镇	475	5.33%
绿华镇	191	2.14%
港西镇	260	2.92%
建设镇	240	2.69%
新海镇	232	2.60%
东平镇	321	3.60%
长兴镇	822	9.23%
新村乡	219	2.46%
横沙乡	632	7.10%
前卫农场	26	0.29%
东平林场	16	0.18%
上实现代农业园区	14	0.16%
合计	8907	

四、海洋产业发展

崇明区坚持三岛统筹发展,产业结构不断优化。崇明本岛是世界级生态岛建设的核心载体,要全面提高标准、水平和质量。长兴岛是上海高端绿色制造和科创中心的重要基地,要打造世界先进的海洋装备岛、生态水源岛和独具特色的景观旅游岛。
横沙岛要加大保护力度,发展生态农业,引领绿色发展,成为崇明世界级生态岛的先
行示范区。

根据海岛海洋经济专题调查数据统计,崇明区涉及海洋产业共有16类,经名录核
减后,确认涉海单位175家。海洋旅游业和海洋船舶工业占比较高,与崇明岛建设生态
岛,长兴岛为船舶和海工基地相符。其中,海洋旅游业涉海单位数为87家,占全区涉海
单位总数的49.7%,数量最多;其次为海洋船舶工业,涉海单位数为38家,占比21.7%;
海洋交通运输业、海洋工程装备制造业、海洋渔业、涉海服务涉海单位数分别为10家、9
家、9家、8家,分别占比5.7%、5.1%、5.1%、4.6%;海洋管理、海洋技术服务业、涉海金融
服务业、海洋生态环境保护涉海单位数量较少,均为2家,各占比1.1%;海水利用业、海
洋科学研究、海洋教育、海洋社会团体与国际组织、海洋产品批发、海洋产品零售涉海单
位均为1家,各占比0.6%(详见表5-24)。

表5-24　上海市崇明区海洋产业涉海法人单位数分类汇总

行业分类名称	涉海单位(家)	占比
海洋渔业	9	5.1%
海洋船舶工业	38	21.7%
海洋工程装备制造业	9	5.1%
海水利用业	1	0.6%
海洋交通运输业	10	5.7%
海洋旅游业	87	49.7%
海洋科学研究	1	0.6%
海洋教育	1	0.6%
海洋管理	2	1.1%
海洋技术服务业	2	1.1%
涉海金融服务业	2	1.1%
海洋生态环境保护	2	1.1%
海洋社会团体与国际组织	1	0.6%
海洋产品批发	1	0.6%
海洋产品零售	1	0.6%
涉海服务	8	4.6%
合计	175	

第五节　涉海企业投融资

一、涉海企业投融资数据获取情况

通过涉海企业金融情况和职工工资汇总表获知法人单位 4758 家,涉海上市公司情况汇总表获得法人单位 18 家(详见表 5 - 25)。

表 5 - 25　2015 年上海市涉海上市公司汇总

区	上市公司数量(家)
长宁区	7
黄浦区	3
浦东新区	3
杨浦区	2
静安区	1
虹口区	1
嘉定区	1
合计	18

二、涉海企业金融情况

根据涉海企业金融情况和职工工资调查表的填报情况分析,上海市涉海企业 2015 年国内贷款总额为 1451.96 亿元,其中银行贷款 1089.99 亿元,利息支出 94.53 亿元;购建固定资产、无形资产和其他长期资产支付的现金 155.7 亿元,投资支付的现金 340.69 亿元;购买财产险总额 46.6 亿元,其中强制险 3.4 亿元,海外商业险 4165.8 万元;购买人身险总额 154.32 亿元,其中社保费 151.85 亿元;从业人员工资总额 908.21 亿元(详见表 5 - 26)。

表 5－26　2015 年上海市涉海企业金融情况、职工工资汇总（按海洋产业）

行业分类编码	行业分类名称	国内贷款（万元）		利息支出（万元）	购建固定资产、无形资产和其他长期资产支付的现金（万元）	投资支付的现金（含短期投资、长期股权投资、长期债券投资等）（万元）	购买财产险（万元）			购买人身险（万元）		从业人员工资总额（万元）
		总额	银行贷款				总额	强制险	海外商业险	总额	社保费	
01	海洋渔业	174 685.8	174 285.8	12 218.8	25 848	3125.7	2032.5	315.4		3286.9	2013.2	15 873.8
02	海洋水产品加工业	4000	4000	209.5	253.1		12.7			517.4	509.9	2015.1
03	海洋油气业			115	32 246.9		3134.6			1654.5	1324.5	4651.4
06	海洋船舶工业	4 176 109.6	2 151 927.6	148 690.9	46 895.8	218 503	24 483.4	23 119.9	50.5	740 435.7	736 348.7	4 806 619.3
07	海洋工程装备制造业	2 668 985	2 647 707	134 246.6	78 072.3	346 356.5	2380.5	62.7	0.6	34 575.6	34 324.2	120 867.4
09	海洋药物和生物制品业	8257	7657	482.4	12 043.2		61.5	11.5		2902.2	2896.2	13 065.4
10	海洋工程建筑业	124 185.4	124 185.4	6039.8	49 454.8	87 385.7	2843.7	33		19 478.8	19 246	92 232.3
11	海洋可再生能源利用业	324 535.3	299 304.6	13 175.6	27 956.9		216.5			271.4	258.4	4257.1
12	海水利用业	1 784 797	1 638 066	185 209.4	266 979.9	79 314	7639.8			54 438.2	54 438.2	130 403.7
13	海洋交通运输业	3 993 087.7	2 843 378.9	296 755.7	426 364.7	478 643.4	398 473.2	7301.2	3856.8	526 531.9	516 015.4	2 607 009.4
14	海洋旅游业	774 592.8	680 533.2	63 124.8	500 232.1	44 850	17 200.9	3030.8	59.2	131 628.8	127 832.1	690 823.3
15	海洋科学研究				60 060	30 829	257.7	1.2		3590.7	3364.8	25 551.4

（续表）

行业分类编码	行业分类名称	国内贷款（万元）		利息支出（万元）	购建固定资产、无形资产和其他长期资产支付的现金（万元）	投资支付的现金（含短期投资、长期股权投资、长期债券投资等）（万元）	购买财产险（万元）			购买人身险（万元）		从业人员工资总额（万元）
		总额	银行贷款				总额	强制险	海外商业险	总额	社保费	
17	海洋管理	455 744	305 744	81 389	2955	2 098 701.2	65.8	20.8		1090	1090	480 986
18	海洋技术服务业	12 905.7	5912.7	2595.5	13 027.3	9129	6624.1	53.4	196.7	15743	12 002.1	54 622.4
19	海洋信息服务业	3523.8	3523.8	69.9	8242.2	10 031.4	87.2	84.7	2	4229.3	4139.2	19 549.1
20	涉海金融服务业	11 000	11 000	730.4	132.5		3	1.2		1212.4	1193.5	7222.2
21	海洋地质勘查业				484.6		388.5			824.7	820.9	2089.3
23	海洋生态环境保护	560			2587		37			283.3	283.3	1096.8
34	涉海服务	2650	2650	198	3141		87	1.5		457.3	438.6	3167.1
总计		14 519 619.1	10 899 876	945 251.3	1 556 977.3	3 406 868.9	466 029.6	34 037.3	4165.8	1 543 152.1	1 518 539.2	9 082 102.5

　　根据海洋产业填报数据分析,2015 年全市涉海企业国内贷款总额前三的产业为海洋船舶工业、海洋交通运输业和海洋工程装备制造业。其中,海洋船舶工业国内贷款金额 417.61 亿元、海洋交通运输业 399.31 亿元和海洋工程装备制造业 266.9 亿元。全市利息支出前三的产业为海洋交通运输业、海水利用业和海洋船舶工业。其中,海洋交通运输业利息支出金额 29.68 亿元、海水利用业 18.52 亿元和海洋船舶工业 14.87 亿元。

　　2015 年全市涉海企业购建固定资产、无形资产和其他长期资产支付的现金数额前三的产业为海洋旅游业、海洋交通运输业和海水利用业。其中,海洋旅游业购建固定资产、无形资产和其他长期资产支付金额 50.02 亿元,海洋交通运输业 42.64 亿元和海水利用业 26.7 亿元。全市海洋产业投资支付的现金数额前三的产业为海洋管理、海洋交通运输业和海洋工程装备制造业。其中,海洋管理投资支付的金额 209.87 亿元、海洋交通运输业 47.86 亿元和海洋工程装备制造业 34.64 亿元。

　　2015 年全市涉海企业购买人身险总额前三的产业为海洋船舶工业、海洋交通运输业和海洋旅游业。其中,海洋船舶工业购买人身险总额 74.04 亿元、海洋交通运输业 52.65 亿元和海洋旅游业 13.16 亿元。全市海洋产业财产险总额前三的产业为海洋交通运输业、海洋船舶工业和海洋旅游业。其中,海洋交通运输业财产险总额 39.85 亿元、海洋船舶工业 2.45 亿元和海洋旅游业 1.72 亿元。

　　2015 年全市涉海企业从业人员工资总额前三的产业为海洋船舶工业、海洋交通运输业和海洋旅游业。其中,海洋船舶工业从业人员工资总额 480.66 亿元、海洋交通运输业 260.7 亿元和海洋旅游业 69.08 亿元。

三、涉海上市公司情况

　　根据涉海上市公司情况调查表分析,涉海上市公司总股本 4875.35 亿股,其中流通股本 319.41 亿股、筹资活动现金流入 419 亿元,其中吸收投资收到的现金 18.64 亿元、取得借款收到的现金 395.86 亿元,分配股利、利润或偿付利息所支付的现金 92.85 亿元,筹资活动产生的现金流量净额-59.57 亿元(详见表 5 - 27)。

表 5 - 27　2015 年上海市涉海上市公司情况汇总(按海洋产业)

行业分类代码	行业分类名称	总股本(万股)		筹资活动现金流入(万元)			分配股利、利润或偿付利息所支付的现金(万元)	筹资活动产生的现金流量净额(万元)
		总数	流通股本	总额	吸收投资收到的现金	取得借款收到的现金		
01	海洋渔业	20 459.8	20 259.8	—	—	—	3241.6	—
06	海洋船舶工业	—	—	—	—	—	—	—

（续表）

行业分类代码	行业分类名称	总股本(万股)		筹资活动现金流入(万元)			分配股利、利润或偿付利息所支付的现金(万元)	筹资活动产生的现金流量净额(万元)
		总数	流通股本	总额	吸收投资收到的现金	取得借款收到的现金		
07	海洋工程装备制造业	10 000	—	5050	—	5050	84.6	—
12	海水利用业	213 974	213 974	3 049 499	10 999	2 996 430	250 207	—
13	海洋交通运输业	2 417 867.5	2 408 467.5	1 129 001.7	175 160.9	953 833.5	670 474.7	-605 144.9
14	海洋旅游业	44 624 106	6800	200	200	—	2942.8	3142.8
18	海洋技术服务业	1 414 300	491 800	—	—	—	1512.8	
19	海洋信息服务业	52 800	52 800	6323.8	—	3323.8	48.2	6275.6
	总计	48 753 507.3	3 194 101.3	4 190 074.5	186 359.9	3 958 637.3	928 511.7	-595 726.5

根据涉海上市公司填报数据分析,2015 年全市涉海上市公司总股本前三的产业为海洋旅游业、海洋交通运输业和海洋技术服务业。其中,海洋旅游业涉海上市公司总股本 4462.41 亿股、海洋交通运输业 241.79 亿股和海洋技术服务业 141.43 亿股。

2015 年全市涉海上市公司筹资活动现金流入前三的产业为海水利用业、海洋交通运输业和海洋信息服务业。其中,海水利用业筹资活动现金流入 304.95 亿元、海洋交通运输业 112.9 亿元和海洋信息服务业 6323.8 万元。

全市涉海上市公司分配股利、利润或偿付利息所支付的现金额前三的产业为海洋交通运输业、海水利用业和海洋渔业。其中,海洋交通运输业分配股利、利润或偿付利息所支付的现金额 67.05 亿元、海水利用业 25.02 亿元和海洋渔业 3241.6 万元。

第六节　海洋科技创新

一、海洋科技创新单位数据获取情况

通过涉海企业研发活动及相关情况获知涉海研发企业 173 家;涉海科研机构 19 家,有效填报 9 家;涉海院校 13 家,有效填报 10 家。

二、海洋科技创新单位研发产出情况

根据海洋产业调查数据统计,2015 年本市企业涉海研发人员 1.37 万人,主要集中在海洋船舶工业、海洋工程建筑业和海洋工程装备制造业。其中,海洋船舶工业 5605

人,全市占比 40.8%;海洋工程建筑业 2988 人,占比 21.8%;海洋工程装备制造业 2250 人,占比 16.4%(详见表 5 – 28)。

表 5 – 28 2015 年上海市企业涉海研发人员汇总

行业分类名称	涉海研发人员				
	总数(人)	占比	女性(人)	全职人员(人)	本科毕业及以上人员(人)
海洋渔业	66	0.5%	7	8	15
海洋船舶工业	5605	40.8%	881	4858	3901
海洋工程装备制造业	2250	16.4%	342	2068	1749
海洋药物和生物制品业	252	1.8%	112	163	143
海洋工程建筑业	2988	21.8%	160	2620	1453
海水利用业	125	0.9%	22	95	116
海洋交通运输业	676	4.9%	154	562	404
海洋旅游业	420	3.1%	166	409	262
海洋管理	10	0.1%	3	10	10
海洋技术服务业	1050	7.6%	221	717	901
海洋信息服务业	269	2.0%	107	260	236
海洋地质勘查业	22	0.2%	2	22	22
总计	13 733		2177	11 792	9212

根据海洋产业调查数据统计,2015 年全市海洋产业研发经费达 38.38 亿元,主要集中在海洋船舶工业、海洋工程装备制造业和海洋工程建筑业。其中,海洋船舶工业研发经费支出 19.72 亿元,全市占比 51.4%;海洋工程装备制造业 10.03 亿元,占比 26.2%;海洋工程建筑业 3.37 亿元,占比 8.8%(详见表 5 – 29)。

表 5 – 29 2015 年上海市海洋产业企业研发经费汇总

行业名称	研发经费(万元)				
	支出合计	使用来自政府部门	企业内部的日常支出	当年形成用于研发的固定资产支出	委托外单位开展的支出
海洋渔业	2199.31	474.8	1531.41	15	652.9
海洋船舶工业	197 227.60	30 957.61	166 320	19 841.6	11 066
海洋工程装备制造业	100 349.48	6264.82	93 392.25	4890.78	2066.45
海洋药物和生物制品业	4247.77	49.8	3222.67	378.7	646.4
海洋工程建筑业	33 744.63	—	29 654.83	1462	2627.8

（续表）

行业名称	研发经费（万元）				
	支出合计	使用来自政府部门	企业内部的日常支出	当年形成用于研发的固定资产支出	委托外单位开展的支出
海水利用业	2001.30	—	2001.30	—	—
海洋交通运输业	13 185.18	1335	11 754.13	28.44	1402.61
海洋旅游业	1011.33	82.02	978.93	2	30.4
海洋管理	613.36	230	383.36	230	—
海洋技术服务业	27 426.64	532.40	25 927.70	984.71	514.23
海洋信息服务业	1473.10	45	1298.10	100	75
海洋地质勘查业	228.69	—	13.49	215.2	—
总计	383 708.39	39 971.45	336 478.17	28 148.43	19 081.79

根据海洋产业调查数据统计,2015 年全市海洋产业期末机构数 101 家,主要集中在海洋工程装备制造业、海洋工程建筑业和海洋信息服务业。其中,海洋工程装备制造业 67 家,全市占比 66.34%;海洋工程建筑业和海洋信息服务业各 8 家,分别占比 7.92%（详见表 5‑30）。

表 5‑30　2015 年上海市海洋产业企业（境内）研发机构汇总

行业名称	企业办（境内）研发机构情况				
	期末机构数（家）	占比	机构人员合计（人）	机构经费支出（万元）	期末仪器和设备原价（万元）
海洋渔业	1	0.99%	5	15	10
海洋船舶工业	6	5.94%	3435	102 375	55 862.9
海洋工程装备制造业	67	66.34%	1230	79 661.31	23 424.41
海洋药物和生物制品业	2	1.98%	151	2013.6	984.6
海洋工程建筑业	8	7.92%	214	3431.5	13 929.7
海水利用业	1	0.99%	121	8500	—
海洋交通运输业	4	3.96%	64	338.54	39.04
海洋旅游业	—	—	34	62.7	25.8
海洋技术服务业	4	3.96%	203	12 274.44	641.96
海洋信息服务业	8	7.92%	54	83.5	16.6
总计	101	100%	5511	208 755.59	94 935.01

根据海洋产业调查数据统计,2015 年全市海洋产业专利受理共 995 项,排名前三的

产业为海洋船舶工业、海洋工程装备制造业和海洋工程建筑业。其中,海洋船舶工业专利受理380项、海洋工程装备制造业278项和海洋工程建筑业110项。

期末有效发明专利数769项,前三的产业为海洋船舶工业、海洋工程装备制造业和海洋技术服务业。其中,海洋船舶工业发明专利214项、海洋工程装备制造业212项和海洋技术服务业146项。

期末拥有注册商标216件,注册数量前三的产业为海洋船舶工业、海洋药物和生物制品业、海洋工程装备制造业。其中,海洋船舶工业注册商标72件、海洋药物和生物制品业54件、海洋工程装备制造业52件。

形成国家或行业标准106项,主要集中在海洋船舶工业和海洋工程建筑业,分别形成国家或行业标准83项和19项。

各行业高新技术企业减免税9698.93万元,减免税额前三的产业为海洋工程建筑业、海洋技术服务业和海洋工程装备制造业。其中,海洋工程建筑业减免税3293.13万元、海洋技术服务业减免税2878.76万元和海洋工程装备制造业减免税1696.56万元(详见表5-31)。

表5-31 2015年上海市海洋产业企业研发产出及相关情况、汇总政府相关政策落实汇总

行业分类名称	当年专利申请受理(项)		期末有效发明专利(项)			专利所有权转让及许可数(项)	专利所有权转让及许可收入(千元)	形成国家或行业标准(项)	期末拥有注册商标(件)	新产品产值(亿元)	新产品销售收入(亿元)	政府相关政策落实情况
	总数	发明专利	总数	境外授权	已被实施							高新技术企业减免税(万元)
海洋船舶工业	380	132	214	2	174	—	3	83	72	491.09	495.27	394
海洋工程装备制造业	278	81	212	23	57	1	—	—	52	142.60	145.50	1696.56
海洋药物和生物制品业	26	6	18	—	4	—	—	2	54	4.47	4.44	1402.9
海洋工程建筑业	110	50	101	—	12	—	—	19	—	25.94	25.94	3293.13
海水利用业	58	28	36	28	0	—	—	—	—	—	—	—
海洋交通运输业	6	3	36	—	11	—	—	1	9	22.93	22.93	—

（续表）

行业分类名称	当年专利申请受理（项）		期末有效发明专利（项）			专利所有权转让及许可数（项）	专利所有权转让及许可收入（千元）	形成国家或行业标准（项）	期末拥有注册商标（件）	新产品产值(亿元)	新产品销售收入(亿元)	政府相关政策落实情况
	总数	发明专利	总数	境外授权	已被实施							高新技术企业减免税（万元）
海洋旅游业	15	—	—	—	—	—	—	—	15	—	—	28.58
海洋技术服务业	108	38	146	—	84	2	—	1	4	0.04	0.22	2878.76
海洋信息服务业	8	3	6	—	6	—	—	—	5	—	0.05	5
海洋地质勘查业	6	5	—	—	—	—	—	—	1	—	—	—
总计	995	346	769	53	348	3	3	106	212	687.07	694.35	9698.93

　　根据海洋产业调查数据统计，2015 年全市涉海院校研发人员合计 2925 人，经费投入总额 24.31 亿元，经费支出总额 23.31 亿元，研究与试验发展课题数 1947 个，发表科技论文数 2843 篇，有效发明专利数 586 件（详见表 5 - 32）。

表 5 - 32　2015 年上海市涉海院校研发产出汇总

区域划分	区	经费投入总额（万元）	研发人员（人）	经费支出总额（万元）	研究与试验发展课题数（个）	发表科技论文数（篇）	有效发明专利数（件）
沿海区	浦东新区	228 491.43	2622	222 311.1	1329	1989	271
	小计	228 491.43	2622	222 311.1	1329	1989	271
非沿海区	杨浦区	1609	104	899.1	267	216	—
	徐汇区	9367	135	6781	292	428	315
	闵行区	3184.51	64	3000	59	175	—
	松江区	492.9	—	113.1	—	35	—
	小计	14 653.41	303	10 793.2	618	854	315
合计		243 144.84	2925	233 104.3	1947	2843	586

第六章　深海技术研发专题调查情况

第一节　深海技术产业定义和分类

一、深海技术产业定义

《中华人民共和国深海海底区域资源勘探开发法》所称的深海海底区域,是指中华人民共和国和其他国家管辖范围以外的海床、洋底及其底土。依据国际上公认的浅海和深海的划分标准,水深小于 500 米为浅海,大于 500 米小于 1500 米为深海,超过 1500 米为超深海。由于各深海产业技术发展不同,对于深海的定义也有所不同。例如,海洋资源开发与海洋工程领域所定义的深海,经过了一个不断扩展的过程,从 200 米一直发展到目前的 500 米;海洋科学研究领域将水深超过 200 米定义为深海,将水深超过 1000 米定义为深渊;海底光缆,目前对于铺设于水深超过 500 米的为深海光缆,随着技术的突破(包括机械应力、温度和外部压力变化等),"深海光缆"的界限未来可能由 500 米变成 1000 米。

本报告认为,水下无光、低温和高压的区域均可统称为深海区域(水深超过 500 米),包括深海、深渊和超深渊,深海的特殊环境决定了对于深海的探索与认知是当前地球科学的前沿领域。广泛应用海洋探测技术、海洋开发技术、海洋装备制造技术、海洋服务技术等先进海洋技术而形成的生产和服务行业均可统称为深海技术产业,深海技术产业是海洋开发和海洋技术发展的最前沿和制高点,是国家综合实力的集中表现,也是目前世界高科技发展的方向之一。

二、深海技术产业分类

根据《第一次全国海洋经济调查海洋及相关产业分类》,同时在《深海海底区域资源勘探开发法》《"深海关键技术与装备"重点专项》《"十三五"海洋领域科技创新专项规划》、国家海洋行业标准《海洋高技术产业分类》以及深海技术体系参考的基础上,结合前期专家、单位调研情况,以及单位筛选情况,从第一次海洋经济调查行业分类中筛选出 4 大涉深海行业分类。4 大涉深海领域单位及对应国民经济行业分类表见表 6-1。

表6-1　深海产业重点领域分类

深海 科考探测	01 深海科考	011 深海观测监测	
		012 深海地质科学考察	
		013 其他深海科学考察	
	02 深海资源 勘查	021 深海矿产地质勘查	0211 海洋石油、天然气地质勘查
			0212 海底天然气水合物地质勘查
			0213 深海固体矿产地质资源勘查
			0214 海洋地热资源勘查
			0215 大洋多金属结核和富钴结壳勘查
			0216 海底热液硫化物勘查
			0217 其他海洋矿产地质勘查
		022 深海生物资源勘查	0221 深海生物资源勘查
			0222 极地生物资源勘查
深海 资源开发	03 深海矿产 资源开采	031 海底金属矿采选	
		032 海底煤矿采选	
		033 海底化学矿采选	
		034 海底热液矿床开采	
		035 海底地热开采	
		036 大洋多金属结核、结壳开采	
		037 其他深海矿产开采	
	04 深海油气 资源开采	041 海洋原油开采	
		042 海洋天然气开采	
		043 海底可燃冰开采	
		044 油气生产系统服务	
		045 油气集输系统服务	
		046 油气储油系统服务	
	05 深海生物 资源开发	051 深海渔业	0511 远洋捕捞
			0512 深海养殖
		052 深海药物和生物制品	0521 深海生物药品制造
			0522 深海化学药品制剂制造
			0523 深海保健品制造

（续表）

深海装备研发制造	06 深海观测装备	061 海底观测调查装备	0611 海洋水文专用仪器
			0612 海洋气象专用仪器
			0613 海洋化学专用仪器
			0614 海洋地球物理专用仪器
			0615 海洋地质专用仪器
			0616 海洋观测调查浮标
	07 深海探测装备	071 深海石油勘探装备	0711 深海石油勘探专用设备
			0712 深海石油勘探专用仪器
		072 深海矿产勘探装备	0721 深海矿产勘探专用设备
			0722 深海矿产勘探专用仪器
	08 深海开发装备	081 海洋油气资源开采设备	0811 海洋石油钻采专用设备
			0812 海洋石油自动控制系统装置
			0813 海洋石油储油装置
			0814 海洋石油生产配套设备
			0815 其他海洋油气资源开采设备
		082 海洋矿产资源开采设备	0821 海洋采矿专用设备
			0822 其他海洋矿产设备
		083 深海生物制药设备	0831 海洋制药分离设备制造
			0832 海洋制药实验分析仪器
			0833 海洋制药自动控制系统装置
		084 海洋船舶及设备	0841 深海金属船舶
			0842 深海非金属船舶
			0843 深海船舶导航、通信设备
		085 其他深海开发设备	
	09 深海新材料	091 海底通信用材料	0911 水声换能器
			0912 海底光缆
		092 海洋船舶及海洋工程防护材料	0921 海洋船舶防护涂料
		093 海洋特殊材料	0931 深水潜水剥离钢装具
			0932 深海传感器特种材料
			0933 深潜器外壳材料
			0934 轻型高强陶瓷深海探测材料
			0935 海底特种钢缆
			0936 石油空心钻钢
			0937 潜艇用高性能锻钢
深海教育	10 深海教育	101 深海高等教育	1011 普通高等教育
			1012 成人高等教育

（注：本表仅适用于本次上海市深海技术研发专题调查工作）

三、国内外深海技术发展现状

自 20 世纪 60 年代始,发达国家勇于开发深海领域,并取得了诸多成果,使得深海技术迅猛发展。调查船、钻探船(平台)、各类探测仪器/装备、无人/载人/遥控深潜器、水下机器人、取样设备、海底监测网等相继问世,探测广度和深度不断刷新。

第二节　国内外深海技术发展现状

一、深海科考探测

(一) 深海科考

目前全世界 40 多个国家和地区拥有科考船,其中美国的数量最多,且管理完善,技术先进。其次是俄罗斯、日本、中国等国家。

美国为保持其全球海洋霸主的地位,每年投入巨资用于海洋科学考察,现已拥有世界上装备最先进、船只数量最多的成体系的海洋科考队,管理方法也较为先进。美国的海洋调查船组成了联邦海洋船队,主要由大学-国家海洋实验室系统、美国海洋与大气管理局以及美国海军三部分组织管理。美国将进一步发展综合科学考察船、区域性科学考察船和深海空间站等,主要用于解决海洋经济开发和环境冲突的问题,以便可持续地利用海洋资源。

俄罗斯所拥有的科考船大多是苏联时期建造的,20 世纪 90 年代后服役的仅一艘。俄罗斯的主要目标是先建造一定数量的现代化科考船替换超期服役的科考船,以便获取全球各大洋的气象、水文等环境信息。

日本对科考船的研发非常重视,最近几年中远海和极地资源的发现,使日本开始重点发展大吨位、综合能力强的中远海、极地科考船。

欧洲主要国家,如英国、法国、德国等,采取的是区域性的海洋战略。在金融危机后,MSFD(marine strategy framework directive)代表欧洲环境组,发展近岸作业的小型科考船。

中国于 20 世纪 90 年代初开始了深海大洋、南北极综合科学考察和大洋矿产资源、深海生物基因资源及环境调查研究。中国目前的海洋科考船在数量和性能上均位居世界前列,截至 2017 年 8 月,中国已服役的海洋科考船数量高达 50 艘,正在设计或建造的海洋科考船共约 10 艘,数量居世界第一。中国的科考船主要隶属国家海洋局、中科院和部分高校。中国拥有大洋综合调查船"大洋一号""向阳红 10"号、"海洋六号""科学号""探索一号"和极地科考船"雪龙"号等,均配有各种先进的探测仪器、设备和装置。

（二）深海探测

自20世纪60年代以来,深海探测历程中最具影响力的事件为"深海钻探计划"（DSDP,1968—1983）、"大洋钻探计划"（ODP,1985—2003）和"综合大洋钻探计划"（IODP,2003—2013）、"国际大洋发现计划"（IODP,2013—2013）。DSDP、ODP和IODP的实施,极大地促进了深海地质勘查的发展。

在深海勘探和开发领域,美国的深海观测光缆技术、日本的深潜器技术和运载系统、巴西的深海油气勘探开发技术、俄罗斯的深海资源勘探技术领先全球。欧洲国家也各有擅长之处。英国研制的远程侧扫声呐GLORIA测绘系统处于世界领先地位;法国的高压石油软管制造技术,半潜式、自升式钻井平台建造技术和深潜技术等著称全球;德国的石油钻井设备制造技术及仪器仪表技术亦堪称世界一流水平;芬兰成功地研制了新一代海底岩芯取样器;意大利的海底铺管技术、管线涂敷技术,瑞典的动力定位海底铺管技术,荷兰的大吨位海上浮吊技术及海底工程地质调查技术等均位居世界前列。

受制于深海探测装备的落后,我国在深海探索与研究中长期处于"望洋兴叹"的境况,与海洋大国地位不符。2000年以前我国深海探测主要是围绕地质构造和海底矿产资源开展,做了部分勘查工作,通过自主探索与实践,在国内首次建立了宏观与微观、走航与定点、梯度与原位相结合的深远海环境探测技术体系,突破了10 000米深海定点探测、7000米深海探测与采样、4500米深海精准探测与取样、1000米水体剖面走航探测、深海30米长沉积物取芯和20米长岩石取芯等关键技术,具备立体同步精准开展深海地形地貌、海底环境、水体环境的综合探测和样品采集的能力。以中国地质调查局为首的海洋矿产地质勘探机构,开展海洋地质调查工作,取得了重大突破和丰硕成果。仅在2017年,中国地质调查局海洋地质保障工程配套装备项目中的3艘调查船（海洋地质八号、海洋地质九号和海洋地质十号）就全部顺利下水,组成了我国深海探测的立体技术体系,也标志着我国海洋地质、地球物理及钻探等综合海洋地质勘探能力跻身世界前列。

表6-2　"十二五"中国深海勘探开发技术水平与国际水平比较

比较项目	中国	国际水平
设备能力	3000米	3660米
作业纪录	2451米	4398米
作业经验	勘探阶段	规模开发
储层特点	常温常压	高温、高压、盐膏层
核心工具设备	大部分进口	自主研发

（数据来源:中国海洋石油总公司）

二、深海资源开发

(一) 深海矿产资源开发

国际海底区域蕴藏着丰富的矿产资源,初步估算,国际海底区域多金属结核资源量700亿吨,富钴结壳资源量210亿吨,多金属硫化物资源量4亿吨。深海矿产资源的勘探开发活动必须经过联合国海底管理局的同意和批准方可依法开展。目前世界上已有7个国家或组织获得联合国的批准(印度、俄罗斯、法国、日本、中国、国际海洋金属联合组织、韩国),拥有合法的开辟区。20世纪60年代,美国、德国、日本等一些发达国家及其财团陆续开展了海底多金属结核资源的勘探活动。但深海极端的恶劣环境给深海作业及装备的可靠性、维修更换和维修周期等提出极高的要求,其开发技术难度毫不逊色于太空技术。

国外实践表明,深海矿产开采新技术,从开始研制到投入实际应用,通常需要10—20年的时间,周期较长。如日本从1975—1997年投资10亿美元,研究锰结核的勘探和技术开发,进入试采阶段;美国与日本几乎同期开始进行大洋矿区的勘探和采矿技术的研究,累计投资15亿美元;印度、英国、意大利等国也进行了长期的研究。

中国是世界上首个拥有3种主要国际海底矿产资源专属勘探矿区的国家,是目前在国际海底区域拥有最多资源专属勘探权和优先采矿权的国家。目前我国拥有4块国际海底专属勘探矿区,第一块是位于东北太平洋的多金属结核矿区,第二块是位于西南印度洋的多金属硫化物矿区,第三块是位于西北太平洋海山区的富钴结壳矿区,第四块是位于东太平洋克拉里恩-克利珀顿断裂带的海底多金属结核资源勘探矿区。目前中国正在建造全球第一艘深海采矿船,并已经完成了主体的建造,正在进行后续的组装,将水下机器人、采矿设备等安装于船上,以便完成深海采矿这样的艰巨任务。

(二) 深海油气资源开发

深海石油储量可观,全球各大石油巨头在深水海域圈地,围绕钻探技术的竞争日益激烈。近年来全球对深水油气的开发显著增加,国际能源署公布的数据显示,近10年发现的超过1亿吨储量的大型油气田中,海洋油气占到60%,其中一半是在水深超过500米的深海。美国地质调查局和国际能源署预测,未来全球44%油气资源将来自深海。目前世界深水油气工程装备作业水深为3000米左右,海洋油气工程开发正在向全球化发展,并迈向更深的海域。

表 6 - 3 2017 年全球十大海洋油气发现

油田名称	国家	盆地名称	类型	发现时间	水深（米）	运营公司	总资源量（MMboe）	石油（MMbbl）	天然气（bel）
Yakaar	塞内加尔	Senegal-Bove	天然气	5 月	2250	Kosmos&BP	2640		15 000
Zama	墨西哥	Salinas-Sureste	石油	7 月	166	Talos Energy	500	500	
Central Oiginskoye	俄罗斯	Yenisey-Khatanga	石油	10 月	7	俄罗斯石油公司	400	400	
Snoek	圭亚那	Guyana	石油	5 月	1563	埃克森美孚	300	300	
Gorgon	哥伦比亚	Sinu	天然气	5 月	2316	Anadarko	264		1500
Neptune	俄罗斯	East Sakhalin（Sea of Okhotsk）	石油 & 天然气	10 月	62	Gazpromneft-Sakhalin	1880		
Poraque Ajto	巴西	Campos	石油	7 月	1108	巴西国家石油公司	200	200	
Macadamia	特立尼沱和多巴哥	Columbus	天然气	5 月	83	BPTT	176		1000
Pyi Thit	缅甸	Arakan	天然气	8 月	2002	Woodside	158		900
East Gebel El Zeit	埃及	Gulf of Suez	石油 & 天然气	1 月	45	Vega Petroleum	127	127	

国外在深海油气开采领域起步较早，其研发、制造能力大大领先国内水平。目前，全球有 100 多个国家在进行海洋石油勘探开发，50 多个国家在开展深海油气开发。世界海洋石油产量居前 5 位的国家：挪威、墨西哥、沙特阿拉伯、英国、尼日利亚；天然气产量居前 5 位的国家：美国、英国、挪威、墨西哥、委内瑞拉。目前英国 BP 公司、巴西国家石油公司、挪威国家石油公司、埃克森、壳牌、哈斯基、优尼科等石油公司拥有深水勘探开发的核心技术，从事深水区油气勘探开发工作。

中国南海油气资源丰富，被称为"第二个波斯湾"，油气总地质资源量 350 亿吨油当量，天然气水合物（又称可燃冰）资源量大约 640 亿吨油当量。但 70% 油气资源蕴藏于深海区域，受工程装备能力和技术水平等方面制约，中国目前海上油田水深集中在 300 米以内，300 米以下的深水区，由于开采能力欠缺，所以需和国际企业合作开发。

（三）深海生物资源开发

1. 深海渔业

深海渔业是在远离大陆的深远海水域，依托养殖工船或大型浮式养殖平台等核心装备,并配套深海网箱设施、捕捞渔船、物流补给船和陆基保障设施所构成的"养殖、捕捞、加工"相结合,"海洋、岛屿、陆地"相连接的全产业链渔业生产新模式。在近海渔业资源日趋衰退、水产养殖空间面临严重制约的现实下,发展深海渔业、挺进深远海已经成为渔业转型升级的必然选择。

挪威海洋渔业有近 1000 年的历史,是世界渔获量排名前十的渔业大国。在长期生产实践中,挪威积累了丰富的经验,形成了从种苗繁育、成鱼养殖到饲料生产和设备制造的完整产业链。目前,挪威海产养殖业已取代捕捞业,成为挪威渔业的支柱。2017 年建造的挪威超级渔场,是目前世界上最大的深海半潜式智能养殖场,整体容量超过 25 万立方米,相当于 200 个标准游泳池,融合了世界最先进养殖技术、环保理念和海洋工程装备制造能力,这些装备也是该领域在世界范围内的首例项目,其建造在整个业界被认为具有极大挑战性,将为世界渔业带来全新的变化。

冰岛是全球最先进、最具有竞争力的渔业国家之一,多年来,渔业占据 GDP 相当大份额,是冰岛国家经济最重要的组成部分,近年来更成为海洋科技、鱼类侦测设备方面的领军国家,为全球输送一流产品。冰岛现拥有各类注册渔船约 1700 艘,年捕获量 160 万吨。渔业生产占国内生产总值的 13%,占出口创汇的 70%。

巴基斯坦海洋捕捞量每年约 35 万吨,海洋捕捞是巴基斯坦渔业的支柱,目前拥有本地渔船约 12000 艘,但是主要为沿岸作业的中小型渔船和近海作业的大中型渔船(船长大于 25 米),而缺少深远海作业的大型渔船。

中国是世界第一捕鱼大国,拥有世界上四分之一的渔船,而捕捞量超过全球总产量的三分之一。近年来,远洋捕捞业蓬勃发展,目前中国拥有世界上规模最大、航行距离最远的公海捕鱼船队。截至 2016 年底,中国远洋渔船有近 2900 艘,远洋渔业产量达到 199 万吨。虽然中国深海渔业取得了长足进步,但还处于起步阶段,深远海养殖能力还较弱,几乎只有深海捕捞,还没有成形的深远海规模养殖平台。我国深海渔业发展主要面临 3 个瓶颈:第一,在装备研发上,我国深海渔业的研究和捕捞条件与国际相比还有很大差距;第二,深海捕捞和深海养殖的家底还没摸清,数据调查不充分;第三,从深远海捕捞上来的海货,如何加工处理是目前的难题,与国际相比,我国在加工技术、加工工艺方面亟待提高。

2. 深海药物和生物制品

深海生物在生长和代谢过程中,产生出各种具有特殊生理功能的活性物质,并且某些特异的化学结构类型是陆地生物体内缺乏或罕见的,这使得深海成为创新药物和功能性保健食品的原料宝库,也被公认为未来重要的基因资源的来源。因此,世界各国尤其是西方发达国家,纷纷斥巨资对深海生物的资源和生物活性等多方面进行深入研究,目的是从深海生物资源中寻找到高效、低毒的创新药物,以有效预防、治疗威胁人类生命健康的多种疾病。欧洲、日本、美国等皆制定了长期政府资助研究计划,以推动深海极端生物的研究和开发。虽然国际上在深海药物的筛选方面还未见太多报道,但是可以预料它的前景将是十分广阔的。

中国深海药物和生物制品历经十多年的努力,在深海生物勘探、深海微生物资源库规范化建设、深海生物学基础研究等方面取得重要成果。目前已获得大量深海微生物资源,分离了近 10 000 株微生物,建立了第一个深海菌种库。库藏海洋微生物 2.2 万株,涵盖 3400 多个种类,达到国际领先水平。同时构建了国内第一个深海微生物代谢物库与信息库,库藏馏分达 15 000 份;分离鉴定了 400 多个新化合物,建立了化合物信息指纹图谱库;已申请专利 200 多项,获得专利授权几十项,部分研究成果已经与国内企业实现了产业化对接。

三、深海装备研发制造

深海装备产业的发展水平在一定程度上标志着国家国防能力和科技水平,发展该产业不仅对国民经济和社会发展以及国家军事安全有重大的意义,还对未来的海底空间利用、海洋旅游业、深海打捞、救生等有着不可估量的价值和战略意义。此外,深海技术装备产业市场需求也不容忽视,其主要体现在深海油气开发、海底管线布设和维护、水下结构物的检测/监测、水下施工和作业、水下救援等领域。

表 6‑4　国外深海技术装备产业创新高地及创新资源

国家	创新地区	简介	重点机构	主要创新领域及产品
美国	华盛顿	美国首都;专利家族数 134 件;专利数 144 件;创新机构 1 家	美国海军	深潜器及声呐
	加利福尼亚州圣迭戈、旧金山周边	硅谷、全球创新集中地;专利家族数 38 件;专利数 103 件;创新机构 13 家	Teledyne RD Instrument	全球知名声学测流仪生产厂家,主要产品有多普勒声学测流仪(ADCP)、多方位测波计、声学多普勒计程仪(DVL)
			美国蒙特利湾海洋研究所	以海洋观测、水下自主运载器与水下船坞应用、水样分析等为主要研究方向,其建立的 MARS 海底观测网、新型海底原位科学观测仪器最为著名
	休斯敦周边	全球海洋工程及海洋石油开采技术的研发中心;专利家族数 28 件;专利数 97 件;创新机构 15 家	美国国际海洋工程公司	全球最大 ROV 运营商,主要专注近海石油工业和深海天然气工业
			壳牌石油公司(美国总部)	著名跨国石油公司,建造采油平台、深潜器

（续表）

国家	创新地区	简介	重点机构	主要创新领域及产品
美国	波士顿及周边	拥有100多所大学,具备强大的科研实力,建设有海洋产业园、大西洋海洋生物园等;专利家族数18件;专利数70件;创新机构9家	金枪鱼机器人技术公司	无人自治潜水器先驱者,研发多个型号的自主式水下航行器,其中"蓝鳍金枪鱼-21"是美国海军先进的水下探测器
			Teledyne Benthos 公司	提供高新技术产品和集成系统,用于远程海洋环境调查,产品包括地形地貌调查系统,侧扫声呐系统,水下声学释放器等
			McLane 研究实验室	海洋仪器公司,生产海洋生物、海洋物理观测设备,如时间序列浮游植物采样器、浮游动物采样器等
			伍兹霍尔海洋研究所	综合性海洋科学研究机构,运营3艘海洋科学考察船只,以及"阿尔文号"载人潜水器
法国	巴黎及周边	法国首都,政治、经济、文化中心;专利家族数85件;专利数419件;创新机构9家	泰雷兹集团(泰雷兹水下系统子公司)	世界500强,专注国防、航空、信息技术服务产品,产品有主/被动声呐、主/被动拖曳声呐等
			Coflexip S.A. 公司	世界领先的海洋工程公司,生产深潜器
			ECA 集团	无人深潜器制造公司,生产军用深潜器(反水雷深潜器)、民用深潜器(ROV H 系列和 AUV ALISTER 系列)
			法国造舰局	法国最大的国有军用舰船企业,主攻深潜器的结构、能源、布放、回收
			法国海洋开发研究院	法国国家海洋研究机构,研制载人深潜器"鹦鹉螺"号、AUV（Aster-X）、ROV（VICTOR 6000）
德国	不来梅	重要港口城市;专利家族数42件;专利数180件;创新机构5家	德国阿特拉斯电子公司	德国海军电子装备供应商,研制无人深潜器海狐号、海狼号、海猫号、海獭号等
英国	伦敦	英国首都;专利家族数11件;专利数41件;创新机构4家	英国宇航系统公司	世界军工企业10强,主要生产无人深潜器
			英国石油公司	全球最大的石油公司之一,主要研究ROV在水下设施中的应用

（续表）

国家	创新地区	简介	重点机构	主要创新领域及产品
俄罗斯	莫斯科	俄罗斯首都,是俄罗斯政治、经济、文化、金融、交通中心	俄罗斯科学院海洋研究所	俄罗斯目前规模最大、设备最新、技术实力最雄厚的综合性海洋研究机构,拥有"黑海"号水下住人实验室,MIR-1和MIR-2潜艇,"声学-6"号水下拖曳体等
日本	东京	日本首都,国际金融、经济和科技中心;专利家族数 325 件;专利数 372 件;创新机构 22 家	三菱重工株式会社	日本最大的军工企业,拥有无人深潜器(深海6500)、鱼雷型无人驾驶式深潜器(URASHIMA)等
			三井造船株式会社	拥有万米级深海无人探测器"海沟"号;水下摄影机器人;管道检测机器人;AUV(AQUA explorer2/2000、AE 系列);自航式海底采样系统(NSS);取水管道检测清扫机器人;水质调查机器人等
			KODEN 光电制作所	主要生产船舶导航、通信、雷达类产品
	西宫	日本城市,位于兵库县东南部;专利家族数 38 件;专利数 67 件;创新机构 1 家	古野电气株式会社	业界知名海事电子仪器设备生产制造商,产品有全方位扫描声呐(FSV 系列)、多普勒潮流计(C1-68)、全方位多波束扫描声呐仪(CSH 系列)、探照灯声呐、扫描声呐等
韩国	釜山	产业中心、科技园区;专利家族数 10 件,专利数 10 件,创新机构 1 家	韩国海洋科学技术院	韩国唯一的综合性海洋研究所,研发海洋科研类水下机器人
中国	哈尔滨	黑龙江省省会;专利家族数 55 件;专利数 55 件;创新机构 3 家	哈尔滨工程大学	拥有水下机器人技术国家重点实验室,重点研究水下机器人、水下目标识别及导航
	沈阳	辽宁省省会,重工业基地;专利家族数 65 件;专利数 65 件;创新机构 4 家	中国科学院沈阳自动化研究所	拥有机器人学国家重点实验室,成功研制潜深 1000 米的"探索者"、潜深 6000 米的"CR-01""CR-02"自治水下机器人以及其他水下遥控潜水器等
	无锡	位于江苏省南部,地处长江三角洲平原、江南腹地	中船重工 702 研究所	拥有深海载人装备国家重点实验室、国防水动力国家重点实验室,成功研制载人潜水器("蛟龙"号);水下拖体、水下作业工具、潜水器用吊放回收装置以及其他种类潜水器
	北京	中国首都,政治、经济、文化、科技中心;专利家族数 58 件;专利数 62 件;创新机构 10 家	中国科学院声学研究所	拥有国家重点实验室,领军海洋声学领域,研制 CS-1 型侧扫声呐,深水多波束测深系统

（续表）

国家	创新地区	简介	重点机构	主要创新领域及产品
中国	舟山	舟山群岛新区;专利家族数43件,专利数44件;创新机构8家	浙江大学海洋研究院	对接国家在海洋研究与资源开发领域的科技需求,以高科技海洋研发为重点;研发了深水浅孔天然气水合物保真取样器等
	上海	长三角龙头城市;专利家族数50件;专利数50件;创新机构10家	上海交通大学水下工程研究所	拥有无人深潜器研究基地,研发了海龙号-3500米ROV、观察型ROV、搜救ROV、检测型ROV、轻作业型ROV
	青岛	位于山东省,海洋科研力量雄厚,专利家族数25件;专利数25件;创新机构5家	山东省科学研究院海洋仪器仪表研究所	重要的海洋监测设备研发和生产的科研机构之一,研制振动活塞取样器、浪潮仪、测波仪、海流计等

（一）深海观测装备

深海观测网能够将各种观测仪器安装到海底,对海水层、海底和海底以下的岩石进行长期、动态、实时的观测,能够很好地解决海底实时监测问题。

加拿大海底观测网在2009年12月正式运行,成功建成近岸尺度和区域尺度两条有缆海底观测网,是世界上第一个大型区域性海底科学观测网络,主要由加拿大"海王星"海底观测网(NEPTUNE-Canada)和金星海底试验网络(VENUS)组成。其中,天王星海底观测网是世界上第一个基于电缆的海底观测网络,其海缆从温哥华岛艾伯尼港的岸站入海,从大陆架到达深海后回到出发点,呈闭形环路状;金星海底观测网位于加拿大维多利亚和温哥华之间的沙利旭海水深300米以内的地方。加拿大观测网不仅能够为加拿大和世界各地的科研人员提供创新性研究平台,同时还在诸如海洋和气候变化、地震和海啸、海洋污染、港口安全和海上运输等经济社会需求方面发挥着重要作用。

美国在世界上第一个利用海底联网进行科学观测,又经过十几年的研讨形成了国家规模的海底科学观测网计划,深海科学观测光缆技术全球领先。这一技术是将观测平台放置海底,通过海洋研究交互观测网络(ORION)向各个观测点供应能量、收集信息,可以进行多年连续的自动化观测。科学家可以在陆地研究基地通过网络实时监测自己的深海实验,指令实验设备监测风暴、海流、波浪、潮流、藻类勃发、地震、浊流等各类突发事件的情况。

2004年,欧洲14个国家共同制定了"欧洲海底观测网计划(The European Sea Floor Observatory Network,简称ESONET)",在大西洋与地中海精选10个海区设站建网,进行长期的海底观测。针对从北冰洋到黑海不同海域的科学问题,承担一系列科学研究项目。该计划涵盖从北冰洋到黑海的所有欧洲水域,探寻从冷水珊瑚到泥火山等大量神秘的自然现象。2007 年,在 ESONET 的基础上,开展新的欧洲多学科海底观测计划(European Multidisciplinary Seafloor Observatory,简称 EMOS),计划建立 5 个节点,提升 ESONET 的数据获取能力。

日本也是海底观测的先行国家之一,地震观测始终是其第一重点,但并不以地震为限。DONET 海底观测网(地震和海啸海底观测密集网络)在 2006 年立项,2011 年建成,用于地震监测和海啸预警。DONET 海底观测网的主要特色在于检测仪器密集分布。整个 DONET 总共有 5 个科学节点,20 个观测点,观测点之间相距 15—20 千米,各自配有地震仪、压力计等多种观测仪器,能够精确观测不同程度的地震、海啸和海洋板块变形等。另外,日本海沟海底地震海啸观测网在日本东边海岸和日本海沟之间设置了 150 个地震仪,它与 DOENT 海底观测网在结构上有所不同,直接用海底电缆连接到地震仪和海啸仪,没有节点。而 DOENT 海底观测网是"节点型",通过节点的分支装置连接各种传感器。

中国海底观测网相关研究始于 2006 年,历经关键技术验证阶段、小范围建设试验阶段以及规模化建设阶段。在关键技术验证阶段(2006—2009 年),主要依托"海底观测网组网技术的试验与初步应用"重大科技攻关课题和"海底长期观测网络试验节点关键技术""岸基光纤线列阵水声综合探测系统"等 863 项目,完成海底监测网关键技术验证。在小范围建设试验阶段(2009—2016 年),在东海和南海开展了一些试验性的水下观测工作,其中同济大学的东海海底观测小衢山试验站、中科院南海海底观测网、浙江大学摘箬山岛观测网络试验平台已实现实验条件下的观测网架设。规模化建设阶段,2017 年,国家发展改革委正式批复"国家海底长期科学观测系统"大科学工程,在南海和东海建设海底综合科学观测网,在上海临港建设数据中心,服务国家海洋权益、海洋资源开发、海洋灾害防御等综合需求。

(二) 深潜器装备

美国、法国、日本和俄罗斯均已研制成功 6000 米级的深海潜水器。美国的"阿尔文"号是当今世界上下潜次数最多的载人潜水器;日本的"深海 6500"号载人潜水器下潜深度达 6527 米的海底;俄罗斯是世界上拥有载人潜水器数量最多的国家,在载人深潜器方面一直处于领先地位,已利用深海载人潜水器对海底热液硫化物、海底生物及浮游生物和大洋中脊水温场等进行了调查、取样和测量,目前正在研制超万米级的深海载人潜水器;法国的载人深潜器"鹦鹉螺"号最大下潜深度可达 6000 米,先后下潜过 700 余次,Cyana 也有 1500 次的深潜纪录,Epaulard 无线遥控机器人深潜器完成了 150 个航次下潜,先后完成了大洋多金属结核区域、海沟、海底火山、洋脊热液和深海生态等调查或探测。

"蛟龙"号、"海龙二号"和"潜龙一号"是我国自行设计、自主集成、具有自主知识产权、在深海勘察领域应用最为广泛的 3 类典型的深海运载器。其中"蛟龙"号最大下潜深度达 7020 米,创造中国载人深潜新的历史纪录,也是世界同类型载人潜水器的最大下潜深度;"海龙二号"无人有缆遥控潜水器可下潜 3500 米,"潜龙一号"无人无缆自主式潜水器可下潜 6000 米。我国自主研制的"海斗"号无人潜水器最大潜深达到 10 907米,创造我国潜水器最大下潜及作业深度纪录。我国成为继日、美两国之后,第三个拥有研制万米级无人潜水器能力的国家。这些深潜器是未来深海开发的关键核心装备,将成为我国开展深海资源勘查和深海前沿科学研究的重要利器,大幅提升我国国际海域资源勘查的效率和精准度,助力我国深海科学研究走向国际前沿,提高我国在国际海域的话语权。

(三) 深海油气开采装备

目前,全球深海油气装备产业竞争格局呈现 3 大阵营的态势。

欧美属于第一阵营,基本垄断了设计制造技术,在平台自主设计和技术创新领域处于绝对的领先地位,如挪威、瑞典、荷兰、美国主要是在深水超深水技术及钻井平台、半潜平台等方面处于领先地位。从配套来看,也主要是美国、瑞士、德国在钻采、动力、电子等设备上处于垄断地位。与此同时,欧美国家在钻井平台和海洋工程船领域还掌握了大量的核心技术和关键系统以及工程总承包权。

韩国和新加坡属于第二阵营,在钻井平台领域具备超强的专业制造能力和改装能力。新加坡在自升式、半潜式平台和浮式生产储油装置(FPSO)改装方面都具有较强的实力,如新加坡吉宝一度将自升式钻井平台做到极致,市场占有率曾经高达 80%。韩国在钻井船、FPSO、液化天然气(LNG)市场上占据了较大的份额,韩国的大宇和三星重工近几年专攻钻井船领域,囊括了全球 90% 以上的钻井船订单,处于垄断地位。

中国属于第三阵营,具备一定的研发设计能力和建造能力,但主要从事的是浅海领域的钻井平台建造,在深海油气开采中,由于技术和设备水平限制,被迫长期依赖国外进口设备,在我国建造的海洋油气开发装备中,其配套设备的国产化率平均不足 10%。技术受制于别人的同时,海洋能源安全、国防安全也面临严重威胁。近年来随着海洋战略的实施,我国海上油气生产装备进入发展快车道,从 2006 年中国第一个大型深水气田"荔湾 3 - 1"诞生,到 2017 年南海深水区"可燃冰"试采成功,我国深海油气勘探开发快速发展。随着"海洋石油 981"和"海洋石油 201"深水铺管起重船、"海洋石油 720"深水物探船以及"兴旺号"钻井平台等深水装备相继投入使用,我国成为南海周边唯一可自主进行深水油气资源开发的国家。但总体上,我国相对于第一、二阵营国家而言,深海油气装备产业还处于发展期,待提高之处众多。

(四) 深海新材料

在深海资源的开发过程中,深海材料的研究和应用无疑占有非常重要的地位,高性能海洋工程材料是发展海洋工程装备的基础和先导,对于海洋经济的发展和产业化进程有着重要的战略意义。国外发达国家对深海新材料的研究比我国的起步时间早,研究成果和应用水平均处于领先地位。深海的特殊环境对装备的耐压壳材料提出了特殊要求。目前深海装备耐压壳使用的材料分为金属材料和非金属材料。金属材料主要用在潜艇和深潜器上,包括钢和钛合金。美、日、英、俄等国的潜艇大多使用钢作为耐压壳体材料,部分深潜器使用钛合金作耐压壳体。美国海军潜艇的耐压壳材料主要使用 Hy系列钢;"阿尔文"号深潜器使用钛合金壳代替钢壳后,下潜深度达 4550 米。日本潜艇用钢有 NS-30、NS-46、NS-63、NS-80、NS-90 和 NS-110,其"深海 6500"载人深潜器使用钛合金作耐压壳材料。俄罗斯是世界上第一个用钛合金建造潜艇耐压壳的国家,其用钛合金建造潜艇的技术世界领先,其深海载人潜水器"和平 1 号""和平 2 号"均使用钛合金作为耐压壳材料。非金属材料主要在深潜器上使用,深潜器的耐压壳上使用的非金属材料主要有先进树脂基复合材料和结构陶瓷材料。美国用石墨纤维增强环氧树脂材料成功制造出自动无人深潜器 AUSSMOD 2 的耐压壳体。

随着我国海洋强国战略的实施和海洋工程装备制造产业的转型升级,新材料的市场规模随着制造业和高新技术产业的蓬勃发展迅速扩大。与国外相比,我国深海新材料研究起步较晚,所用材料成本较低,耐压性较弱,最大工作深度与国外产品有巨大差距。目前我国 ROV 设备所需的浮力材料仍需从国外引进,国内海洋油气开发装备所需的材料 90%以上依赖进口。尽管哈尔滨工程大学、北京航空航天大学、中国船舶重工集团 701 研究所等科研院所及高校在固体浮力材料的研制方面处于行业前列,但是在深潜用固体浮力材料性能方面依然落后于国外先进水平。深海新材料的研究和开发已成为制约我国深海产业发展的瓶颈。

表 6-5 海洋新材料行业重点企业分析

材料类型	发展趋势	国内外代表企业
海洋用不锈钢、九镍钢、超级双相钢、特级不锈钢、环氧钢筋等	耐腐蚀、耐低温、耐压	国外:克虏伯·蒂森不锈钢公司、阿里根尼·路德鲁姆公司、日本日立金属等
		国内:太钢、宝钢、南钢等
殷瓦钢	材料开发、焊接工艺	国外:日本藤仓公司、法国殷菲公司
海洋重防腐涂料	高固、单次厚涂、低VOC、环保、纳米化	国外:Jotun、Hempel、AkzoNobel、日本中涂、PPG、Nippon Paint Marine
		国内:海化院、常州涂料院

材料类型	发展趋势	国内外代表企业
海洋环保防污涂料	无锡无铜、环保、仿生	国外：国际涂料公司、Hempel、佐敦涂料公司、立邦公司
海洋用有色金属材料	耐蚀、优异加工性能、耐压	国外：俄罗斯阿维斯玛镁钛联合企业、日本日立金属、美国洛克希德马丁公司
		国内：中国有色矿业集团有限公司、江西铜业、金川公司、宝鸡钛业
海水淡化膜材料及技术	延长使用寿命、海水淡化膜国产化	国外：东丽、陶氏、美国海德能、GE、西门子
		国内：杭州水处理技术研究开发中心有限公司（膜材料主要进口）
海洋工程防腐施工	重防腐涂料国产化	国外：美国APP公司
		国内：江苏中矿大正表面工程技术有限公司

四、深海教育

纵观世界海洋强国，美国、日本、澳大利亚等均十分重视海洋教育，形成了系统的海洋教育体系和多元化的海洋教育培养模式，催生了成熟的海洋教育理论与方法。

美国涉海高校共计142所，包括6大类涉海专业：海洋生物和生物海洋学、海洋资源管理学、海洋科学、海运、海洋工程及海洋学等，这些专业培养学士或者更高学位。

日本共有本科以上涉海类高等院校29所，其中有16所学校开设海洋科学类专业、18所开设水产类专业、7所开设海洋工程及船舶与海洋工程类专业、3所开设海事类专业。海洋科学类高等教育大部分需要在硕博阶段进行研究，相较而言理论性较强。海洋工程及船舶与海洋工程类高等教育主要通过工学部（工学院）和理工学部（理工学院）开展，相对偏重实际。

我国海洋高等教育始于1910年，院校有张謇开设的河海工程专门学校（今河海大学）、江苏省立水产学校（今上海海洋大学）、邮船部上海高等实业学堂船政科（今上海海事大学）等。经过100多年的发展，我国大陆开展海洋教育的高等院校已有将近200所，除此之外有15所综合性大学设立海洋学院，6所大学设立了海洋系，共设有博士点131个，硕士点327个，本科专业点211个，专科专业点464个。学科门类涵盖广，而且学位体系齐全，这给我国海洋高等教育的发展打下了良好的基础。海洋高等教育中涉及深海领域的专业以船舶与海洋工程为主，开设此类专业的院校已经由传统的"老八校"（哈尔滨工业大学、大连理工大学、天津大学、武汉理工大学、华南理工大学、上海交通大学、西北工业大学、江苏科技大学）发展至目前的34所，每年培养的深海技术领域人才达上万人。但我们也必须清醒地认识到，与发达国家相比，我国深海高等教育在结构、质量等方面都存在着一定差距,尚未形成系统化的深海教育模式和体系,整体依然以船舶与海洋工程为载体实施深海教育,学科专业结构不均衡,协同性不足。

第三节　上海市深海技术发展总体分析

随着建设全球海洋中心城市和国际航运中心进程的加快,上海海洋经济发展十分迅速。海洋经济的繁荣带动了上海深海技术的快速进步。近年来,上海充分发挥长江经济带和国家科技创新中心等区位与政策优势,突破一批深海关键技术,推进涉深海类产业链协同创新和产业孵化集聚创新,培育了一批深海创新型骨干企业、中小型企业和产业聚集区,力争将深海技术产业建设成为推动区域及全国海洋科技发展的新引擎。

多项政策相继出台,重点支持深海技术产业发展。2015 年 5 月 25 日,上海市人民政府发布的《关于加快建设具有全球影响力的科技创新中心的意见》,指出重点推进深远海洋工程装备等一批重大产业创新战略项目建设,积极推进深海科学等一批重大科技基础前沿布局。2016 年 2 月,上海市人民政府发布的《上海市国民经济和社会发展第十三个五年规划纲要》指出,力争“十三五”期间在深远海洋装备等领域填补国内空白,加快形成产业化能力。2016 年 8 月 5 日,上海市人民政府发布的《上海市科技创新“十三五”规划》明确指出,要聚焦深远海洋工程装备发展。2017 年 2 月 23 日,上海市经济和信息化委员会印发的《上海促进高端装备制造业发展“十三五”规划》指出,“十三五”期间力争在深远海洋工程装备关键核心技术领域取得突破,2018 年 1 月 2 日,上海市人民政府发布的《上海市海洋“十三五”规划》提出,力争 2020 年深远海工程装备等方面关键技术有所突破。

深海装备研发制造领域企业/单位数量明显增加,初步形成集聚效应。上海海洋工程装备企业数量众多,实力雄厚,不少已拓展深海装备业务领域,如江南造船、上海振华重工等,目前已成为深海开发装备领域的龙头;中海油、美钻能源科技等油气开发方面的技术领先全国;宝钢集团、亨通光电等在深海新材料领域不断实现新突破;上海交大船舶海洋与建筑工程学院、同济大学海洋与地球科学学院、上海海洋大学深渊科技技术研究中心、中国海洋装备研究院、中国船舶重工第 702 研究所上海分部等科研单位研究能力遥遥领先,多次参与国家重大科研项目。

不断加快打造深海研发基地,抢占科技发展制高点。近年来,上海致力于推动科研和实际应用相衔接,打造集深海科考、工程装备制造、人才培养和产业培育等功能于一体的科研基地。2015 年 5 月 2 日“彩虹鱼”深海科普体验基地建成,拥有科普展示厅、科普报告厅、深渊科学实验参观区和深渊工程总装参观区。基地以深海体验为特色,面向全社会普及深渊技术装备和深渊科学知识。另外,上海不断挖掘高等院校、科研院所等科普教育基地的教育资源,把科普工作、技术创新与深海科研高度结合,加快深海科研教育领域的发展。2017 年 11 月 13 日,"共融机器人与深海航行器技术前沿"学术研讨会在沪召开,针对深海航行器 HOV、ROV、AUV 和 AUG 系统,探讨水下共融机器人系统的关键技术前沿。

深海领域科技创新成果不断涌现,助力深海产业发展和技术进步。临港海洋高新技术产业化基地被国家海洋局认定为首个"国家科技兴海产业示范基地",成立上海市海洋局深海装备材料与防护工程技术研究中心、海洋生物医药工程技术研究中心等平台和机构。海洋高新技术研究取得突破,"海洋石油 981"荣获国家科技进步特等奖,"海马"号 ROV 取得重大突破,海底观测网、海洋微生物制备候选药物关键技术、微藻规模化产生技术及设备、深水航道管理维护等重大课题研究取得明显进展,深远海工程装备系列材料关键制备技术及其国产化开发研究项目列入国家海洋局公益性科研专项,为相关产业发展和技术创新提供支持。

一、上海主要深海技术领域发展分析

(一) 深海科考探测

1. 极地科考

中国极地研究中心是中国唯一专门从事极地考察的科学研究和保障业务中心。中心主要开展极地雪冰-海洋与全球变化、极区电离层-磁层耦合与空间天气、极地生态环境及其生命过程以及极地科学基础平台技术等领域的研究;负责"雪龙"号极地科学考察船、南极长城站、中山站以及国内基地的运行与管理;负责中国南北极考察队的后勤保障工作。中心有省部级重点实验室 2 个,国家级观测研究站 2 个,科研业务部门 6 个,筹备科研业务部门 1 个,下属实验部门 8 个。"雪龙"号是我国第三代极地考察船,隶属中国极地研究中心。

2. 大洋科考

上海的"张謇"号科考船、"海龙"号系列深潜器参与多次远洋调查航次和多个大陆架勘查航次的调查任务,为中国大洋事业发展打下坚实基础。

2016 年 7 月 11 日,"张謇"号从上海开始首航之旅,首航分为两个航段,第一航段从上海开赴南海,在西沙群岛海域进行了为期 5 天的科考设备浅海测试,于 7 月 23 日返回抵达深圳。第二航段于 7 月 24 日从深圳出发,一路南下跨越赤道,经拉包尔港入境巴布亚新几内亚海域,与当地矿业公司合作,在两座金矿附近的海域开展海洋环境调查,在深度超过 8000 米的新不列颠海沟进行了多项深海设备的试验,并开展了原位过滤采水、沉积物采样等多项科学考察活动,获取了一系列科学样品和数据。9 月 5 日完成所有的科学考察任务,启程回国,并于 9 月 22 日回到上海。首航很好地实现了出发前制定的 3 大目标:测试船的远洋航行和科考设备可靠性,检验开展深渊综合考察的能力,以海洋环境调查为契机探索产学研全方位科学考察运作方式。

2018年8月20日—26日,由我国自主研发的"海龙Ⅲ号"无人缆控潜水器(ROV)在西北太平洋海山区成功实施5次深海下潜,完成了典型海山的环境调查任务,最大潜深4200米,共完成22次坐底,36次悬停观测,近底观测作业16个小时,并成功采集到结壳和结核样品,以及海绵、海百合、红珊瑚等6类生物样品,成功开展了该区域典型海山环境调查任务。

3. 深海资源勘查

上海的深海资源勘查以深海油气勘查单位为主,作业遍及中国4大海域,以及东南亚、欧洲、美洲、非洲、两极海域,为全球众多石油公司提供高质量服务。中石化海洋石油工程有限公司上海物探分公司现有3艘物探船("发现"号,"发现2"号和"发现6"号),2艘综合工程船("勘407"和"兴业"号),海洋地质工程队和海洋地质研究所等7支工程队伍,为国家海洋石油勘探、海洋地质和地貌调查研究等方面做了大量的工作,先后在4大海域勘探面积累计达100多万平方千米,发现了一批含油气地质构造,为我国海洋地质基础研究、渤海及东海油气发现提供了坚实的基础资料;国际上,作为我国最早"走出去"参与国际竞争的海洋物探队伍,公司物探船足迹已遍布全球20多个海域,从北冰洋到南极海域,从西非到墨西哥湾海域,创造过勘探纬度最高、拖带电缆最长的纪录,留下了令众多世界知名石油公司高度赞誉的业绩。

渔业资源勘查方面,2017年10月30日,"淞航"号在上海完成交付,标志着国内首艘远洋渔业资源调查船建造完成并正式投入使用。

(二) 深海资源开发

1. 深海渔业资源开发

深远海养殖以及捕捞成为核心领域。上海作为国际航运中心,具有独特的市场优势和强大的辐射力,拥有从装备到一系列大型养殖装备研发的科研和物质基础,可以进一步缓解近岸养殖对海域生态环境的压力。尤其是在当前船舶市场持续低迷的背景下,着力发展上海地区的深远海渔业养殖成为拉动海洋经济增长的新动力。基于这一背景,2018年6月15日在上海临港正式启动国内首个深远海智慧渔业工厂项目,该项目以智能化船舶养殖加工平台为核心,在深远海空间进行工业化水产养殖,融合了生物学、工程学、智能化、特种海工装备等多学科技术,将推动传统近海作坊式养殖向工业化、可追溯、绿色化、智能化养殖转变,实现了以智能化船舶养殖加工平台为核心,在深远海空间进行工业化水产养殖的跨越式发展,是渔业生产的第六次革命。此项目区别于传统的网箱生产模式,能在12级台风的环境下安全生产,并能移动躲避超强台风;能实现养殖过程的工厂化、智能化管理。据悉,深远海智渔工厂项目已列入"中国制造2025"重点示范工程、农业农村部"'十三五'渔业科技发展规划"重点项目等重大计划。

2. 深海油气资源开发

上海海洋石油局自20世纪70年代,就开始对浙江省以东海域的大陆架地区进行了大规模的油气勘探。经过多年勘探,上海海洋石油局目前已在浙江省以东海域的东海陆架盆地中部的西湖凹陷,发现了平湖、春晓、天外天、残雪、断桥、宝云亭、武云亭和孔雀亭,共8个油气田。此外,还发现了玉泉、龙井等若干个含油气构造。其中,平湖油气田是该区域第一个被发现并投入开发的复合型高产油气田,总开发面积240平方千米,属上海市管辖,该油气田天然气储量数百亿立方米,石油储量数千万吨,油质中等,属中型油田。2010年上海石油天然气有限公司在东海平湖南部地区油气钻探过程中取得重大油气发现,初步探明该区域新增天然气储量在50亿立方米以上,新增原油储量130万吨以上,新增凝析油储量80万吨以上。

2014年5月,中海油与美钻石油钻采系统(上海)有限公司合作开展的采油树维修项目在中国南海最大的水下油气田——流花11-1油田取得重大突破,包括设备和工程技术服务在内的一整套解决方案,已应用于南海流花11-1油田,时间最长的已成功运行4年多。

3. 深海药物和生物制品

目前上海的深海药物和生物制品业对海洋经济的贡献比重小,生物研发尚存在一定困难,且分布区域有限。现阶段上海地区深海药物和生物制品领域着重药品的研发,而且以张江高科的化学药品为主,深海生物医药制品方面的研发不足。

2014年2月,由中国人民解放军第二军医大学牵头,联合上海浩思海洋生物科技有限公司等5家单位共同筹建了上海市海洋局海洋生物医药工程技术研究中心,打造了军民融合的海洋生物医药产学研用一体化科技创新、产业培育及人才教育的平台。

2017年3月,全球首座深渊生物、微生物样品大数据中心在上海临港建成启用。这座大数据中心由上海彩虹鱼海洋科技股份有限公司打造。2016年,彩虹鱼公司联合上海海洋大学深渊生命科学中心的科学家对位于南太平洋深度从6500—10 900米的几条深渊海沟进行了科考和取样,获得了非常宝贵的万米深渊的沉积物、海水以及宏生物样品和影像资料。这些样本经过检测、分离、鉴定后,最终归入彩虹鱼深渊生物、微生物菌种样本库和全基因组大数据中心。

2017年11月,上海市海洋药物工程技术研究中心成立,具备省市级工程中心的资质和能力,将成为贯彻落实上海市科技兴海战略目标,发展战略性新兴产业的一个良好平台。

(三) 深海装备研发制造

上海科创中心的建设,为上海打造海工装备工业4.0提供了重要契机。上海具有较为完善的深海装备产业配套体系,钢铁、能源、交通运输和机电设备制造基础实力雄厚,为深海装备产业的发展提供了良好的基础。空间上的集聚性有利于推动上海深海装备产业的快速发展,此外上海具有强大的研发优势。面对近年来全球船舶海工行业整体低迷的不利形势,上海深海装备产业积极应对,在高端海工装备研发设计、建造方面不断取得重大突破,高技术船舶和海洋工程装备所占份额不断攀升。

1. 深海科考探测装备

"发现 2"号、"雪龙"号、"张謇"号、"雪龙 2"号等科考船,以及"海龙Ⅱ"号、"海龙Ⅲ"号等深潜器,为上海深海科考事业提供了重要支撑。

2016 年 6 月,上海海洋大学的"张謇"号正式交付使用。"张謇"号是中国国内第一艘专为深渊海沟科考设计的船舶,也是第一艘完全由民营企业出资建造的科考船,由上海海洋大学深渊科技中心联合多家民营企业研制而成,是中国万米级载人深渊器"彩虹鱼"号科考母船。船上配备了干性通用实验室、湿性通用实验室、重磁实验室等实验室,以及全海深多波束系统、浅地层剖面仪等科研设备,为 11 000 米潜水器系列产品(包括 3 台万米级着陆器、1 台万米级无人潜水器、1 台万米级载人潜水器)的海试和作业提供支持。除了为"彩虹鱼"号在马里亚纳海沟进行 11 000 米载人深潜提供科考服务外,还具备进行一般性深海海洋科学调查、海洋事故救援与打捞、海底探险、海底考古、深海电影拍摄等多种功能。

"雪龙 2"号和"东方红 3"号科考船均由江南造船打造。中国极地研究中心的"雪龙"号是我国第三代极地考察船。1994 年"雪龙"号首航南极,先后执行了 19 次南极考察和 7 次北极考察,是我国目前唯一专门从事极地科学考察的破冰船。

上海交通大学水下工程研究所负责的"海龙"号系列研究工作作为国家重大科技专项,从 2003 年开始启动,深度在不断增加,技术水平也在不断提高。目前 6000 米勘查取样型无人遥控潜水器(ROV)"海龙Ⅲ"在技术水平上有了重大飞跃。"海龙Ⅲ"配备了高精度的导航系统,具有 6000 米最大作业水深,作业功率 126 千瓦,具备海底自主巡线能力以及更强的推力、高速和重型设备搭载能力,支持搭载多种调查设备和重型取样工具,能实现全球 90% 海域的勘探。2018 年 9 月 3 日,"海龙Ⅲ"在西北太平洋海山区成功开展了试验性应用,标志着中国深海重大技术装备发展又向前迈出了重要一步。

2018 年 7 月,上海船舶设计研究院中标交通运输部南海救助局 14 000 千瓦大型巡航救助船(升级版)的设计。该船为全球最先进的深远海全天候大功率多功能综合立体救助保障船,航行于无限航区,符合我国南海深水海域特殊海况环境要求,满足独自承担深水应急救助作业需要,抗风能力达 12 级。

2018 年 7 月,中车时代电气旗下的上海中车艾森迪海洋装备有限公司生产的国内最大马力的 3000 米级重型工作级无人遥控潜水器(ROV)下线。该潜水器不仅能深入 3000 米深的海底提起 4 吨重物,还能够实现精度操作,在水下捡起一根针。它将主要用于深海水下沉船沉物等的应急救险、搜寻和打捞,以及辅助海洋深水工程开展作业等。

表6-6　上海相关科考船汇总

船名	船东单位	造船公司	规模/吨位	建造年代	级别	任务
"发现2"号	上海海洋地质调查局	—	2822	1993	大洋级	石油物探
"雪龙"号	中国极地研究中心	乌克兰赫尔松船厂	21 250	1994	全球级	科学研究
"张謇"号	民营企业	天时造船	4800	2016	全球级	深渊海沟科考
"雪龙2"号	国家海洋局	江南造船	13 990	2019	全球级	极地科考
"东方红3"号	中国海洋大学	江南造船	5000	2018	全球级	海洋综合科学考察

表6-7　上海相关深潜器汇总

船名	研究单位	类型	建造年代	最大作业水深(米)	任务	重大发现
"海龙Ⅱ"号	上海交通大学水下工程研究所	无人遥控潜水器(ROV)	2009	3500	深海热液硫化物、生物与环境等深海勘探与科学调查	在东太平洋成功发现"黑烟囱"
"海龙Ⅲ"号	上海交通大学水下工程研究所	无人遥控潜水器(ROV)	2018	6000	大洋矿产资源勘查、大洋科学考察	—
"海马"号	交大、同济共同参与研制	无人遥控潜水器(ROV)	2014	4500	大洋矿产资源勘查、大洋科学考察	成功获取了西太平洋航路沿线的海洋微塑料样品

2. 深海油气开采装备

上海外高桥造船有限公司承建的海洋石油981深水半潜式钻井平台,是中国首座自主设计、建造的第六代深水半潜式钻井平台,由中国海洋石油总公司全额投资建造,是首次按照南海恶劣海况设计的,能抵御200年一遇的台风。该平台的建成,标志着中国在海洋工程装备领域已经具备了自主研发能力和国际竞争能力。

美钻能源科技(上海)有限公司成功突破了1500米超深水高温高压密封、高精度自动对接、海底系统集成及应用等核心关键技术,掌握了深海油气开采系统的核心装备关键技术,并实现了工程应用。2015年9月,中海油旗下中海油能源发展股份有限公司与美钻能源共同出资成立海油发展美钻深水系统有限公司。双方的合作进一步推动了深海水下采油装备的国产化,打破了西方国家长期垄断的局面,填补了我国在该领域的多项技术空白。目前,美钻公司已独立为中海油完成7套水下采油树的修造工作,其中6

套已成功下水,第 7 套已通过验收,待发运。7 套采油树中,包含一套由国外供应商维修未完成转交美钻公司完成的采油树。

3. 深海观测装备方面

2017 年 5 月,由同济大学牵头、与中科院声学研究所共建的国家"十二五"重大科技基础设施建设项目——"国家海底科学观测网"正式被批复建立。国家海底科学观测网由东海海底科学观测子网、南海海底科学观测子网、监测与数据中心 3 大部分组成,实现中国典型边缘海(东海和南海)从海底向海面的全方位、综合性、实时的高分辨率立体观测;在上海临港建设监测与数据中心,对整个海底科学观测系统进行监测与数据存储和管理。项目建成后,国家海底科学观测网将成为总体水平国际一流、综合指标国际先进的海底科学观测研究设施,为我国的海洋科学研究建立开放共享的重大科学平台,并服务于国防安全与国家权益、海洋资源开发、海洋灾害预测等多方面的综合需求。

4. 深海新材料

上海市新材料研究主要致力于船舶与海洋工程装备行业。目前上海在海上风电技术、风电叶片、海工装备、海洋材料腐蚀与防护等方面在全国占据领先地位。

上海已建成大型精品钢基地(宝山)等产业基地,拥有一大批技术骨干企业、大学和研究院从事深海新材料方面的工作,产生了一定的科研成果。例如,上海海事大学海洋材料科学与工程研究院以海洋材料作为特色学科,初步建立了以海洋材料腐蚀与防护、海洋工程材料、生态环境材料等研究方向为主体的综合研究平台。2013 年 4 月 11 日,上海市海洋局深海装备材料与防护工程技术研究中心在上海海事大学正式成立。研究中心由上海市海洋局、上海海事大学、上海天合石油工程股份有限公司、上海尖端工程材料有限公司、上海外高桥造船有限公司、宝钢特种材料有限公司等单位联合创办,将为我国海洋工程特别是装备材料与防护工程走向深海提供技术支撑,对提高海洋资源开发能力具有重要意义;宝钢股份是"蓝鲸一号"最大的钢铁供应商,以高强海工钢为主,应用于平台的整体结构,实现了进口替代,应用于承重关键部位,供货量高达 40%。但是上海市深海新材料也面临着产业化规模较小、自主设计研发能力较弱、科技投入实际比例不高、产学研结合程度较差等问题,在一定程度上阻碍着上海市深海新材料的发展进程。

(四) 深海教育

目前上海市已拥有独立的海洋大学或学院,实力雄厚,海洋学科专业基本拥有博士、硕士点,并随着海洋经济的发展而不断发展。上海在深海教育方面的投入比重较大,多所高校和科研院所陆续开始关注和从事深海资源开发、装备研发制造等领域相关研究,并取得较大成就。据统计,上海市深海教育高校主要有上海交通大学、同济大学、上海海洋大学、上海海事大学、上海第二军医大学,它们均建有深海领域重点实验室或研究所,所开设的涉海专业主要包括生物医药与工程技术类、海洋技术类、船舶与海洋工程等。

作为深海领域国家重点专项的重要承担单位,上海交通大学在深海科学研究、学科建设和人才培养方面全国领先。2018 年 8 月,自然资源部第二海洋研究所与上海交通大学联合成立海洋学院和极地深海研究院,服务海洋强国建设和长三角一体化建设。除了学术和科研共建,双方将于 2019 年开始联合招收本科到博士层次的学生。新的海洋学院将联手上海及周边城市乃至整个长三角地区的海洋研究力量,提升海洋和极地研究实力。极地深海研究院将承担极地与深海资源环境前沿科技问题的探索,探测技术及深海装备的研发、试验和应用。此外,双方还将合作建设若干前沿科学与先进技术深度融合的海洋科技创新平台,共同打造一流人才培养平台和国际学术交流中心。

表 6-8　上海市涉深海高校深海教育基本信息

学校	涉深海领域	细分领域	涉深海实验室/研究所	涉深海专业
上海交通大学	深海科考探测	极地科考	极地深海技术研究院	生物医学工程、船舶与海洋工程
	深海资源开发	深海生物资源开发	上海交通大学微生物海洋学实验室	
	深海装备研发制造	深海探测装备	上海交通大学海洋工程国家重点实验室	
			上海交通大学水下工程研究所	
		深海开发装备	高新船舶与深海开发装备协同创新中心	
同济大学	深海装备研发制造	深海观测装备	同济大学海洋地质国家重点实验室	海洋技术
上海海洋大学	深海资源开发	深海生物资源开发	海洋生态系统与环境实验室;大洋生物资源开发与利用上海高校重点实验室;海洋动物系统分类与进化上海高校重点实验室;海洋生物科学国际联合研究中心;中国远洋渔业数据中心;深渊生命科学研究中心	海洋环境工程、水产养殖学
	深海装备研发制造	深海探测装备	上海海洋大学深渊科学技术研究中心	
上海海事大学	深海装备研发制造	深海探测装备	海洋探测信息技术研究实验室	船舶与海洋工程、材料科学与工程
		深海新材料	海洋极端钢铁材料联合实验室;上海市海洋局深海装备材料与防护工程技术研究中心	
上海第二军医大学	深海资源开发	深海生物资源开发	海洋生物工程技术研究中心	生物技术、生物工程

二、上海深海产业重点区域

上海的深海装备研发制造科技创新型企业主要聚集在临港地区,深海水下油气装备和深海新材料制造企业聚集在宝山。

临港地区瞄准世界海洋科技前沿,以深潜、深测、深探领域的科技创新和产业发展为重点,着力打造深海科技创新高地。临港海洋高新技术产业化基地作为上海建设海洋强市的核心区域和承载国家海洋战略的重要载体,以深海技术为核心的载人深潜器研制、作业型深海 ROV 以及深海资源开发等产业集聚;以海洋观测为核心的海底观测技术研发、水下观测及声呐仪器、水面无人自动观测船以及卫星遥感测绘技术应用等产业集聚;以海洋资源开发利用为核心的海水淡化、海洋新能源、海洋生物技术以及海洋新材料等产业集聚。其中,"彩虹鱼"深渊探测器已经成功开展了万米深渊科考工作,国内首个深渊生物样品大数据中心也已率先启用。彩虹鱼项目"政府支持+民间投资"的科技成果转化模式也是产业化的具体创新和实践。

表 6 - 9　上海临港深海产业概况

类别	具体内容
发展目标	打造以深海技术、海洋观测、船舶关键技术、海洋资源开发利用为核心的先进产业链,海洋设备、资源开发利用的产业聚集区和具有全球影响力的海洋科技研究集聚区
平台建设	目前已搭建全程化企业孵化平台、科技中介平台、人才实训平台、知识产权平台、科技查新及金融科技服务平台
入驻企业	上海彩虹鱼海洋科技股份有限公司、英国 SMD 公司、上海邀拓深水装备技术开发有限公司、上海劳雷仪器系统有限公司、上海航士海洋科技有限公司、上海北连生物科技有限公司、上海昊览新能源有限公司、上海孚实船舶科技有限公司、上海宏皓海洋电子科技有限公司等
政策扶持	支持研发的智能制造专项基金;企业落地后享有 3 年办公物业补贴政策;针对团队人员落地临港的人才政策

宝山依托钢铁、深海装备、卫星应用、新材料等军民融合重点产业,在深海油气装备和新材料领域形成产业发展新优势。在深海油气装备方面,打造了美钻石油海洋装备产业基地,重点聚焦以美钻石油钻采系统有限公司为龙头的水下工作单元。在深海新材料方面,形成了以宝钢集团和上海尖端工程材料有限公司为龙头的产业集群,近空深海智造小镇的建设将借力军民融合科创,推动宝山深海装备智造产业的发展。

表 6 - 10   上海宝山深海产业布局

领域	基地/单位	具体内容
深海油气装备	美钻石油海洋装备产业基地	以海洋深水能源开发核心技术"深水海底油田建设生产系统装备及工程一体化"为主业,填补国家"深海水下油气钻采装备"制造领域空白
深海新材料	近空深海智造小镇	积极引入高校重点实验室,探索产学研合作模式,打造临近空间研发产业基地、深海装备、重型燃气轮机研发产业基地
	上海精品钢材基地	由上海宝钢集团牵头,根据自身的基础情况、发展优势和结构调整可能,在深海领域中重点建设以石油管、造船板、管线钢板和集装箱板为代表的产业基地
	上海尖端工程材料有限公司	专业从事船舶及海洋工程用高分子复合材料研究开发、生产销售和技术咨询的科技型企业,并与上海海事大学、上海临港海洋高新技术产业化基地联合建设"海洋工程先进复合材料工程技术中心"

三、上海重点深海单位分析

根据第一次全国海洋经济调查涉海单位名录,结合深海产业分类及相关调研,筛选出 57 家深海技术领域重点单位。

表 6 - 11   深海技术领域重点单位列表

序号	深海产业	深海产业细分	单位名称
1	深海科考探测	深海科考	中国极地研究中心
2		深海资源勘查	上海东海海洋工程勘察设计研究院
3			上海海洋石油局第三海洋地质调查大队
4			上海海洋石油局第一海洋地质调查大队
5			上海海洋石油物探有限公司
6			上海海洋石油钻井工程公司
7			上海青凤致远地球物理地质勘探科技有限公司
8			上海易海测量工程有限公司
9			中石化海洋石油工程有限公司上海物探分公司
10			中国石化集团上海海洋石油局
11			上海华测导航技术股份有限公司

（续表）

序号	深海产业	深海产业细分	单位名称
12	深海资源开发	深海油气资源开采	海隆石油海洋工程有限公司
13			上海石油天然气有限公司
14		深海生物资源开发	上海东海制药股份有限公司
15			上海其胜生物制剂有限公司
16			上海浩思海洋生物科技有限公司
17			中科院上海药物研究所
18			上海绿谷制药
19			上海远洋渔业有限公司
20			上海开创远洋渔业有限公司
21			上海海洋渔业有限公司
22			上海金优远洋渔业有限公司
23			上海蒂尔远洋渔业有限公司
24	深海装备研发制造	深海观测装备	上海瑞洋船舶科技有限公司
25			上海亨通海洋装备有限公司
26			美国亚奇技术公司上海办事处
27			上海泛际科学仪器有限公司
28		深海探测装备	上海地海仪器有限公司
29			上海航士海洋科技有限公司
30			江南造船(集团)有限责任公司
31			上海遨拓深水装备技术开发有限公司
32			上海摩西海洋工程股份有限公司
33			上海彩虹鱼海洋科技股份有限公司
34			上海迈陆海洋科技发展有限公司
35			上海交大海科(集团)有限公司
36			中国船舶重工集团公司第七二六研究所
37			上海剑龙水下机器人科技有限公司
38			上海中车艾森迪海洋装备有限公司

（续表）

序号	深海产业	深海产业细分	单位名称
39	深海装备研发制造	深海开发装备	上海神开石油化工装备股份有限公司
40			上海利策海洋工程技术有限公司
41			美钻能源科技(上海)有限公司
42			海油发展美钻深水系统有限公司
43			美钻石油钻采系统有限公司
44			上海宏华海洋油气装备有限公司
45			西伯瀚(上海)海洋装备科技有限公司
46			上海振华重工(集团)股份有限公司
47			上海蓝梭电子科技有限公司
48			上海宏皓海洋电子科技有限公司
49		深海新材料	宝钢特种材料有限公司
50			上海大境海洋新材料有限公司
51			上海百若试验仪器有限公司
52			上海尖端工程材料有限公司
53	深海教育	深海教育	上海交通大学
54			同济大学
55			上海海事大学
56			上海海洋大学
57			中国人民解放军第二军医大学

1. 中国船舶重工集团公司第七二六研究所

（1）概况

研究所隶属中国船舶重工集团公司,是国内较早从事水声电子、超声设备,海洋开发和船用电子设备应用开发的综合性研究所。业务范围以军用为主,也有部分民用。深海领域以测量测绘、科考前期深度测量和地形调查为主,目前已达到千米级,与海洋局和海事局合作较为密切。

（2）科研力量

研究所现有职工约 500 人,其中各类专业科技人员 250 余人,中高级职称约 110 人,各项专利 90 多件。从事深海领域研究的人员大约 100 人,约占总人数的 20%。目前研究所有 8 个专业研究室和 2 个车间,4 个产业化公司,1 个重点实验室,另在浙江德清县设有试验站。

（3）研究成果及方向

研究所主要研究千米级的测量器,在民用领域方面,主要涉及钻井平台的应用,目前致力于深浅海领域推进水下探测、地形调查产品的国产化,在研究领域方面正在突破海洋更深领域（1000 米以上）的测量测绘研究,向世界级（3000—10 000 米）的探测标准靠拢。

（4）后备力量

研究所与相关涉深海的院校均有合作,例如哈尔滨工程大学、哈尔滨工业大学、合肥工业大学、上海海洋大学海工学院等,以保证研究所后备力量充足。

2. 美钻能源科技（上海）有限公司

（1）概况

美钻能源科技（上海）有限公司在中国地区主要从事石油天然气勘探开发设备的研发、设计与制造,承接石油天然气、化工、冶金、电力等行业的自动化控制系统工程,提供现场技术服务,提供全面的设备维修。公司致力于为石油工业提供满足各种工况要求的产品、服务以及以客户为核心的一体化解决方案,满足油气生产安全、环境和效益的要求。目前,美钻公司已成为国内唯一成功实现海洋水下油气生产系统装备国产化并投入水下油气生产运行,唯一获得壳牌、道达尔全球"合格供应商",唯一获得 API 系列证书,唯一组建海底油田建设服务队伍的高科技企业,为打破中国深水高端石油设备和技术长期被国外垄断的局面做出了自己的贡献。

（2）科研力量

通过全球资源整合,公司拥有一批具有国际一流水平的管理及技术团队,现有职工约 800 人,其中深海业务的从业人员大约占公司总人数的 10%,深海技术研发人员大约占深海业务总人数的 50%,拥有各项专利 90 多件。

（3）重大进展

过去我国在深海水下油气钻采装备制造领域,一直处于空白,完全依赖国外进口。如今,美钻已成功研制并投产应用了中国首套水下采油树、水下连接器、水下控制系统、隔水导管伸缩系统,并组建了中国首支水下工程技术服务作业队伍,具备从设备到技术服务的全套解决方案。公司成功突破了 1500 米超深水高温高压密封、高精度自动对接、海底系统集成及应用等核心关键技术,掌握了深海油气开采系统的核心装备关键技术并实现了工程应用,打破了国外产品和技术的垄断,实现了国产化的突破。该项目成果在我国南海得到了充分应用,经过多年深海连续运行,质量非常稳定,大幅降低了我国水下采油树对进口的依赖,为海洋油气开采装备国产化奠定了基础。

（4）服务对象

美钻集团在上海宝山区、江苏南京分别设有独立的工厂,在北京、深圳分别设有市场营销与售后服务办事处,是国内领先的石油钻采设备供应商。公司一直在积极拓展海外业务,目前在墨西哥湾、俄罗斯等地都开展了诸多业务,和美国合作也正在洽谈中。公司在激烈的国际竞争中取得了卓越成就,与中国海洋石油总公司和中国石油化工集团公司进行多方面合作,并已获得国际著名石油公司壳牌、道达尔"全球供应链制造商"资格,成为世界上著名石油公司重要的设备供应商之一。

3. 上海彩虹鱼海洋科技股份有限公司

（1）概况

上海彩虹鱼海洋科技股份有限公司是一家致力于研究与发展深渊科学技术,并将研究成果进行产业化和市场化发展的深海高技术公司。凭借装备先进的科考船队及科考设备,覆盖全球的科考基地和国际化经验团队,公司为从事海洋研究的高校、机构及企事业单位提供覆盖全海域、全海深的"一站式"深海技术服务。

（2）服务体系

上海彩虹鱼海洋科技股份有限公司具备全海域全海深科技服务能力,通过自建科考船国内外基地(英国阿伯丁基地、巴布亚新几内亚基地、上海临港基地、浙江舟山基地),配置专业的运营团队,可提供科考船舶定制化建造(自主建造了4800吨万米级深渊科考母船"张謇"号、4500吨级海洋科学综合考察船"向阳红10"号、8000吨级"长和海洋"号多用途作业船等)、科考船运营托管、码头停泊、船员管理、港务服务、科考设备仓储和维护、生活配套等一体化服务。同时还拥有海洋设备研制布放、海洋立体观测大数据服务功能。

（3）重点工程

"彩虹鱼"号无人深潜器已下潜至10 890米的深度,目前正在建造中的"彩虹鱼"号载人深潜器长12米,宽3.5米,高3.5米,有效载重220千克,拥有目前世界最大内径的载人舱,载人舱内径达到2.1米,可同时搭载3个人(一名驾驶员和两名科学家)下潜,是能下潜到11 000米深渊极限的作业型载人深潜器。从无人到载人,将使我国对海洋深渊的探索再上一个新台阶。

以"彩虹鱼"号载人深潜器为核心的深渊科学技术流动实验室是一套深海作业系统,该系统由3个万米级着陆器(Lander)、一个万米级复合型无人深潜器(ARV)、一个万米级载人深潜器(HOV)和一个5000吨级科考母船组成。每到一个新海域,先由无人深潜器充当"探路者"的角色完成大面积搜索,确定研究海域,并掌握该处海域的基本参数;然后布放3个带诱饵的着陆器,拍摄和抓捕鱼类等深海动物;最后,利用载人深潜器完成"手术刀式"的精细定点作业。

4. 上海遨拓深水装备技术开发有限公司

（1）概况

上海遨拓深水装备技术开发有限公司是国家高技术研究发展计划项目（863计划重点项目"作业型ROV产品化技术研发"2016—2018）的承担者,具有丰富的水下机器人研制和应用经验。公司深耕深水工程装备研制,主要产品有观察级、观测级、轻作业级、作业级等缆控无人潜水器（ROV）及应用系统、水下作业工具等;公司拥有众多高精度、性能先进的水下检测装备,可为客户提供专业可靠的水下工程解决方案,涵盖海洋油气管线检测、海底电力及通信电缆检测、水下结构物检测与维护、水利水电工程检测等。

（2）业务范围

水下工程检测服务。公司拥有多种类型的ROV系统,并配有各种光学及声学检测设备和水下作业工具,配备一支技术精湛的团队,可为客户提供专业的ROV水下工程服务。

海底管道检测服务。依托轻作业级ROV系统携带管道检测、扫描及定位设备对管道进行检测,从而获得高精度、准确的检测数据。

海底电缆、光缆检测服务。依托搭载有定位系统的轻作业级ROV系统携带专业检测设备、管线追踪系统等对电缆、光缆及其路由、埋设等情况进行检测或辅助维护。

水下结构物检测服务。针对海上风电基础、导管架结构、码头检测需求,使用轻作业级ROV搭载多波束、二维图像声呐和三维扫描声呐等系统,对水下结构物及周边环境进行检测,为后期基础养护提供依据。

海洋工程作业服务。依托作业级ROV应用系统,提供海底工程作业服务。

水坝、水电站水下检测服务。针对水坝、水电站的检测需求,采用水下机器人搭载高清摄像头、二维图像声呐、三维图像声呐、水下定位和水下尺寸测量等设备对水坝、水电站进行水下检测及缺陷定位,为水坝、水电站除险加固方案的制定提供依据。

桥梁水下检测服务。针对桥梁水域环境具有流速快、水质浑等特点,使用专业检测设备搭载多波束、二维图像声呐和三维扫描声呐等对桥梁水下部分进行无损检测,补充和积累桥梁基础资料,为桥梁的管理养护提供重要依据。

河道检测服务。依托ROV搭载流速剖面系统,三维及三维成像系统,布放监测预警系统等,对河道偷排污进行监测,对河堤及水下地形等进行检测,为城市建设河道管制提供依据。

（3）科研力量

公司有职工31人,其中研发人员19人（均为深海业务相关研发人员）,占总人数的61%,硕士学位以上人员5人,深海行业相关带头人3人。

（4）服务对象

公司拥有多种类型的ROV系统,并配有各种光学与声学检测设备和水下作业工具,配备一支技术精湛的作业团队,为上海石油、中石化、中海油、上勘院等合作伙伴的水下工程服务提供强有力的支持。

（5）主要深海项目开发情况见表6-12。

表6-12　上海遨拓深水装备技术开发有限公司主要深海项目开发情况汇总

项目名称	项目技术经济目标	参与人员数量（人）	项目经费情况（总投资）(万元)
作业型ROV产品化技术研发	—	40	4853
深海探测机器人关键技术研发及产业化	收入3000万元	18	3000
深海工程作业ROV应用系统开发	销售一台ROV,收入2500万元	18	2300
系列化深海无人潜水器产品及工程应用	2020年营业收入5亿元,产业链规模50亿元	79	4000
基于虚拟现实(VR)技术的ROV辅助作业研发系统与应用	—	80	2789.43

（6）经营状况

自2012年成立以来,公司的主营业务收入快速增长,从2013年的8.35万元增长至2017年的1759.64万元,呈现良好的发展态势。

2018年上半年新增产值272.3万元,营业收入320.1万元,较去年同期减少257.2万元,利润总额-32.6万元,较去年同期减少67.7万元。新增研发投入21.8万元,累计研发投入987.26万元。累计获得专利授权数12项,今年申请专利5项。

5. 上海亨通海洋装备有限公司

（1）概况

上海亨通海洋装备有限公司由江苏亨通光电股份有限公司和同济大学合资成立,以高端海洋装备的工程技术和海底观测组网技术领域为研究重点,业务领域覆盖海洋、江河湖泊、水库水源地等水环境感知网整体解决方案、组网装备软硬件以及大数据系统,包括科研业务网、防灾预警网、探测警戒网、主接驳盒、次接驳盒、观测平台、岸基站、传感器、仪器、水密接插件、特种管缆、计算机软件等。计划未来公司的深海业务占总业务的60%。

（2）科研力量

公司充分整合同济大学的科研资源、研发优势和自身的产业化、工程化及光纤网络的优势,以国家重大战略需求为目标导向,快速高效推动智慧立体海底观测网工程化及产业化,提前布局高端海洋装备领域。同济大学的多位教授、博士在公司任职,目前企业职工总人数82人,研发人员42人,硕士学位以上人员31人。

6. 上海利策海洋工程技术有限公司

上海利策海洋工程技术有限公司是一家专门为海洋和陆上油气田开发提供工程服务的高科技企业,是国内第一批参与海工平台设计的民营企业,承担过春晓油田等多个大型平台的设计工作,在国内海工设计市场处于领先地位。

7. 上海交通大学船舶海洋与建筑工程学院

(1) 概况

上海交通大学船舶海洋与建筑工程学院是中国船舶与海洋工程领域现代教育和科研的策源地。下设国家深海技术试验大型科学仪器中心、船舶与海洋工程国家实验室、船舶与海洋工程设计研究所、水下工程研究所、中海油−上海交大深水工程技术研究中心等深海领域实验室和研究所,在深海领域取得多项突破性进展。

(2) 实验室

学院拥有设备齐全、世界一流的实验室群体,有海洋深水试验池、水下工程实验室、水声水池、空泡水筒、风洞循环水槽、多功能船模拖曳水池等。海洋深水试验池,长 59 米,宽 45 米,最大水深 40 米,功能与装备位列世界第一。风动循环水槽是国内首创,风洞速度达到 60 米/秒,循环水槽速度 3 米/秒,主要用于船型开发、船型优化等研究。水下工程实验室用于模拟地球海洋最深环境,主要适用于系列深海环境模拟器,可满足全海深、较大型设备实验;潜水器操作水池经济、便于操作、功能完整、适于作业 ROV 调试。多功能船舶拖曳水池是国内最宽、最深的拖曳水池,长 300 米,宽 16 米,水深 7.5 米,拖车速度 10 米/秒,主要用于满足在大水深水下运载器、复杂波浪船舶性能、新型推进装置、约束模操作性能、水面船舶及水下运载器模型的自由航行试验等领域的最新需求。空泡水筒的工作段为 1 米×1 米×6 米,最高流速 15 米/秒,主要用于推进器水动力、空泡、激振、辐射噪声实验研究。

(3) 科研力量

学院不仅有一批学养深厚、治学严谨的名师,更有众多出类拔萃、富于创新的中青年学科带头人和充满活力的青年教师。截至 2017 年 12 月 31 日,学院共有教职工 320 人,其中专任教师 224 人,正高级职称 78 人、副高级职称 90 人;具有博士学位的教师 213 人,其中海外博士学位教师 59 人,占专任教师比例为 28.6%。现有中国科学院院士 2 人(其中双聘院士 1 人)、中国工程院院士 5 人(其中双聘院士 3 人),中组部"千人计划"入选者 6 人、中组部"外专千人"入选者 2 人、中组部"青年千人计划"入选者 6 人、上海市"千人计划"入选者 5 人、国家级教学名师 1 人,中组部"青年拔尖人才" 1 人、国家自然科学基金杰出青年基金获得者 3 人、长江学者特聘 3 人、上海市领军人才 4 人、上海市优秀学术带头人 3 人、上海市东方学者 2 人。

(4) 人才培养

船舶与海洋工程专业是海洋工程人才培养的重要领域,上海交通大学的船舶与海洋工程专业历次位列教育部学科评估全国第一位,在 2017 年软科学世界一流学科排名位列世界第一,入选"双一流"建设学科名单。专业设立于 1943 年,下设 1 个一级学科——船舶与海洋工程,3 个二级学科——船舶与海洋结构物设计制造、轮机工程与水声工程。研究方向主要有:船舶设计与数字化造船、船舶性能、船舶流体力学、船舶结构力学、海洋工程、轮机工程、水下工程及水声工程。在目前大海洋格局背景下,核心学科船舶与海洋工程下还有骨干学科(土木工程和力学)及支撑学科(交通运输工程和海洋科学),这些构成了整个一流学科群,还包括一些相关学科:机械工程、动力工程、材料科学、电子电气工程、自动控制、环境科学、海洋微生物学、物流与管理、海洋法学和应用数学等。

船海工程培养了大批精英、技术专家及行业骨干,包括朱英富院士、黄旭华院士、徐芑南院士、曾恒一院士、许学彦院士、沈闻孙院士;培养出 9 位中国船舶设计大师:朱英富、胡可一、杨葆和、俞宝均、夏飞、范模、赵耕贤、马运义和徐青。

目前学院全日制在校学生总数 2152 人,其中本科生 907 人,硕士生 817 人,博士生 418 人。

(5) 重大进展(研发成果)

上海交通大学近年参与一系列国家重大重点工程项目,包括我国第一座深海钻井平台"海洋石油 981"深水钻井平台,最大作业水深 3000 米,最大钻井深度 10 000 米,达到世界领先水平;"海马"号 ROV 是我国自主研制的首台 4500 米级深海无人遥控潜水器作业系统,实现我国在大深度无人遥控潜水器自主研发领域零的突破;"天鲸"号是亚洲第一大自航绞吸挖泥船,船长 127 米,宽 23 米,装机功率、疏浚能力居亚洲第一、世界第三。学院的导师不断地持续服务国家南海装备创新开发,包括世界最先进的第七代超深水半潜式钻井平台研发。其中葛彤教授团队申请了国家重点研发计划——深海关键技术与装备专项、全海深无人潜水器(ARV)的研制,项目目的是对接国家深海开发战略,目标是 2021 年前实现万米调查取样,为中国共产党建党 100 周年献礼。

8. 上海海洋大学深渊科研中心

(1) 概况

上海海洋大学深渊科学技术研究中心深渊中心成立于 2013 年 4 月,2014 年 11 月被批准为"上海深渊科学工程技术研究中心"。中心致力于全海深深渊科学与技术的研究,发展目标是形成一支集深海科学、深海装备技术、深海测绘技术为一体的研究机构。中心以研制深渊科学技术流动实验室(由 1 台万米级载人潜水器、1 台万米级无人潜水器以及 3 台万米级着陆器和专用科考母船"张謇"号组成)为抓手,经过多年努力,使我国的深渊科学和深海载人技术同步达到世界领先水平,并让"深渊中心"成为一个国际知名的产学研一体化研究机构。

（2）科研力量

中心现有1个技术团队、1个科学团队以及2个顾问委员会,共61人。其中,深渊技术团队24人,深渊科学团队14人,深渊技术顾问委员会14人和深渊科学顾问委员会9人。深渊中心的创始人崔维成教授是"蛟龙"号载人潜水器总体与集成项目的负责人和第一副总设计师。

（3）研究进展

中心以深渊地质学、深渊生物学、深渊化学和深渊生物信息(库)为重点研究领域,聚焦10个深渊科学研究重点,致力于成为具有国际影响力和竞争力的特色海洋研究中心。五年来,深渊中心成功研发和组建了由一台全海深无人潜水器、3台全海深着陆器和专用科考母船组成的深渊科学技术流动实验室。2016年12月,"张謇"号科考母船载着无人潜水器以及3台深海着陆器在马里亚纳海沟深约11 000米的挑战者深渊进行海试。3台深海着陆器都顺利到达了挑战者深渊,工作正常,在马里亚纳海沟取得了丰富的海底样品;无人潜水器由于风浪太大,只潜到了6300米的深度。2017年11月,万米潜水器的核心构件——载人球舱冲压成功,实现万米级载人潜水器的一项重大技术突破。未来,深渊中心的目标是研制完成11 000米的作业型载人潜水器"彩虹鱼"号。

中心在科技成果上的不断创新,大大提高了国家深渊和深海海洋装备研发、未知海洋区域探知和海洋资源利用的能力。

（4）产学研合作模式

中心通过设立彩虹鱼海洋科技股份有限公司,对其科研成果进行市场转化。目前在大数据和深海智能装备制造两个领域已经实现营收,得到了市场和投资人的认可。

中心还通过成立深渊基金会搭建公益平台,资助、奖励深渊科学技术研究及其他相关领域的个人、团队和项目。

9. 上海海事大学海洋材料科学与工程研究院

（1）概况

上海海事大学海洋材料科学与工程研究院以其鲜明的海洋材料特色被列为学校重点发展的院系之一,学校的海洋科技优势迅速与材料学科交叉融合形成了独特而新颖的研究生长点。目前已初步建立了以海洋(包括深海)材料腐蚀与防护、海洋工程材料、海洋生态环境材料、海洋功能材料、海洋生物与药物材料等研究方向为主体的综合研究平台。研究院现有实验室面积2000余平方米,拥有40余套国际先进水平的材料制备、加工和分析测试设备。

（2）科研力量

研究院现有研究人员31人,具有博士学位教师比例达到90%以上,是一支学缘结构合理、年轻而朝气蓬勃的团队,团队中有长江学者特聘教授、特聘讲座教授、上海市曙光学者、上海市晨光学者等高层次人才。

（3）实验室与基地建设

学院以海洋材料实验室为公共测试平台,在此基础上以学科方向组建研究实验室,建立了海洋材料界面结构及动力学研究实验室、"深海极端环境服役材料"上海高校重点实验室、海洋材料腐蚀与防护研究实验室、上海市海洋局深海装备材料与防护工程技术研究中心、海洋材料防腐检测及分析技术实验室、上海海事大学-宝钢股份"海洋极端环境钢铁材料制备与蚀损控制"联合实验室、"深海石油钻采装备与材料及其防护技术"联合实验室。

在基地建设方面,上海海事大学与多家企业开展科技合作和学术交流,建立了多家产学研基地,旨在以校企合作的方式促进深海新材料领域相关工作的有序开展,加快海洋新材料领域的攻关速度。例如,与上海尖端工程材料有限公司联合建立海洋工程先进复合材料工程技术中心,与上海振华重工集团涂料研究所联合建立海洋重防腐涂料研发中心海洋工程材料产学研基地等产学研实习基地。

（4）项目参与情况

研究院自成立以来已承担国家自然科学基金、科技部、交通运输部的数十项科研项目,曾参与国家海洋局重大公益性项目"深海石油钻采钻铤无磁钢国产化及防护技术";多次参与上海市科委重点专项项目,主要包括压载舱耐蚀钢的海洋微生物附着腐蚀机制研究、远洋船舶与近海工程设施的污损防护技术及其应用研究等。目前研究院正在参与科技部重点研发计划课题——极寒与超低温环境船舶用钢的服役性能评价研究、科技部"973计划"课题——严酷海洋环境用新型耐蚀耐磨金属材料研究,以及上海市科委自然科学探索类项目——特殊浸润性仿生智能响应海洋防污材料的制备与应用研究。

（5）人才培养

海洋材料科学与工程是上海海事大学重点建设和发展的5个学科方向之一,该学科依托上海海事大学的整体优势和上海海洋科技的大背景,致力于海洋与材料之间的交叉渗透,开辟新型的海洋材料研究领域,进而构建以海洋材料为主攻方向的高水平科研教学平台。在本科专业建设方面,实现了"材料科学与工程"一级学科招收培养本科生,下设材料腐蚀与防护和高分子材料与涂料两个方向,拥有4大研究方向:海洋材料的附着腐蚀与防护研究、海洋工程材料制备科学与工艺研究、海洋环境材料、深海环境材料,旨在培养既懂海洋又能系统掌握材料科学与工程的基本理论与知识,熟悉本学科的先进技术及其在生产实践中的应用的高级工程技术人才。

第四节　行业发展趋势及前景预测

深海技术装备处于深海产业价值链的核心环节,全球深海装备技术正在蓬勃发展,技术创新层出不穷,作业水深更加深远,海洋装备向自动化、绿色化、集成化、智能化方向发展。未来深海领域的技术创新十分活跃,概括起来有以下 5 大趋势。

(一)作业范围向更深更远海域发展

由于近海资源的日益枯竭,人类将向更深更远的海洋进军,包括深远海的科考探测和资源开发等方面。在深海资源开发方面,全球对深水油气的开发显著增加,深海油气资源的开发已成为多数海洋油气经营者的重要战略目标。美国地质调查局和国际能源署预测,未来全球 44% 油气资源将来自深海。目前世界深水油气工程装备作业水深为 3000 米左右,海洋油气工程开发正迈向更深的海域;在深海科考方面,世界各国重点开展深渊(6500—11 000 米)科考。人类对 6500 米以下的深海世界知之甚少,开展深渊科考能够帮助建立深渊生物 DNA 数据库、感知气候变化、改进地震预报、促进海洋环境保护等。

(二)深海油气开采装备将成为国际高技术竞争的热点

随着深海油气和天然气水合物资源的勘探开发逐步向更深的海域推进,深海高精度地震勘探、复杂油气矿藏识别、深海钻井技术、大型物探船、钻井生产平台、多功能浮式生产储油装置、天然气水合物开发技术装备等深海油气勘探开发技术与装备,将成为国际深海技术领域的竞争热点之一,并将引领和支撑深海油气产业的发展。

(三)深海装备趋向功能集成化

深海装备将更多地体现多学科技术融合的特点,由单一装备向多元、集群装备方向发展,从而出现更多功能集成的深水装备。未来深海装备将立足单体技术,拓展群体式的海洋技术装备,在全球海域范围内实现自主协同探测与自主作业,构建基于海洋科学研究目标的多海洋探测设备集成与演示系统,形成具有长期、协作、多系统、低成本、全立体式的海洋综合探测与作业能力,例如浮式液化天然气装备将集开采、处理、液化、储存和装卸天然气等多功能于一体,是一种适用于深水油气田开发的多功能装置。

(四)深海装备将更加自动化、智能化

采用自动化设计,可提高作业效率,减少操作人员。目前的深水钻井和开发平台基本都配备了高度自动化的设备。由于水下环境恶劣,人类的潜水深度有限,因此水下机

器人的开发日益重要,逐渐成为深海装备发展的重要方向。未来的水下机器人将拥有更高的学习能力、更强的环境适应能力,以更智能的信息处理方式进行运动控制和规划决策,不断朝着智能化和自动化方向发展。

(五) 部分深海装备将向产业化发展

目前我国水下作业机器人产品提供商还较少,产业化刚刚启动,生产商和服务商寥寥无几,市场尚不成熟。未来随着国际海洋工程装备市场年需求量的不断增加,深海装备产业化能力将不断提升。专业化分工的不断形成将大力推动水下机器人向产业化迈进。

第七章 问题和建议

一、海洋经济发展主要问题

(一) 产业发展方面存在的问题

1. 海洋产业结构不合理

目前上海市海洋产业结构不合理,各主要海洋产业调结构转方式进展较慢。上海海洋产业以船舶总装制造、海洋交通运输等传统产业及由此带动的相关服务性海洋产业为主,而海洋新能源开发、海洋药物与生物制品业等战略新兴产业占比较低,海洋信息服务和海洋文化创意等高端海洋服务业处于培育阶段,发展速度较慢。

2. 核心技术及创新能力不足

首先,在上海海洋科技队伍中,从事海洋科技研究的人才较少,人才结构亦不尽合理。其次,上海科技成果较少,自主创新能力欠佳,尽管上海拥有一批涉海国家重点实验室和相关高校及科研院所,但规模较小且各自为战,缺乏资源的有效整合,难以发挥科技项目的集群效应。最后,上海市高科技海洋产业核心技术缺失,重点海洋产业核心技术与国外先进技术仍有较大差距,船型设计、先进潜艇等领域关键技术与国外仍有较大差距。

3. 海洋科技成果转化能力较弱

我国海洋科技的研发主体是海洋科研院所,而海洋科技的应用主体则是涉海企业,研发与应用的分离导致我国海洋科技成果转化出现时滞效应。同时由于缺乏较好的市场前景和投资机会,使得海洋科技成果难以实现商业化和产业化,科技成果转化率较低。

(二) 综合管理方面存在的问题

1. 海洋发展区域协作体系尚未建立

目前上海海洋产业空间布局和功能配套不尽合理,结构性问题和同质化竞争问题相对突出。以港口为例,随着上海国际航运中心建设的深入发展和沿江沿海区域经济发展对港口功能需求的增加,上海港口码头的结构性问题更为凸显。一方面,集装箱、支泊位的配比失衡,带来资源配套的结构性问题;另一方面滚装、重大件等类型码头的配置不足,引发功能配置的结构性问题。此外,由于岸线使用缺乏推出机制,致使岸线使用效率低下,无法发挥应有的效用。

2. 长三角海洋经济协同效应不足

长三角海洋经济发展区域协作体系尚未建立,区域海洋科技力量强而分散,没有进行有效整合,海洋产业空间布局和功能配套不尽合理,而结构性问题和同质化竞争问题突出,难以形成互利互补关系协同发展。

二、海洋经济发展建议

(一) 加快产业结构调整,促进产业结构优化

一是大力发展海洋先进制造业。在巩固提升传统上海船舶工业和海洋交通运输等传统优势产业的基础上,加快发展海洋工程装备和邮轮游艇制造等海洋先进制造业。二是积极培育发展海洋服务业。发挥上海综合优势,培育国际物流运输、滨海旅游、航运保险、船舶融资租赁、海洋主题旅游、海洋信息服务、海洋科技服务、海洋中介服务(咨询、评估、法律等)、海洋会展服务等产业,不断提升海洋服务业比重,促进上海海洋产业结构优化。

(二) 加快重大基础设施建设,优化海洋功能区域布局

一是顺应世界港口向"第四代港口"发展的潮流和趋势,推动上海港口基础设施和港口功能向深水化、专业化、集成化、信息化转变,建设港城融合型、管理智能型、资源节约型、低碳绿色型的现代化国际化港口。推进杭州湾、洋山港、长江口航道和内河航道整治和建设,完善集疏运体系,提高港口航道通航能力。加快推进港口电子口岸系统建设,推动口岸信息资源有效整合和高效利用,提供"一站式"物流全程跟踪和信息增值服务,持续提升口岸通关效率、物流效率和便利化程度。二是加快重点区域基础设施和功能性项目建设。加快推动洋山深水港区四期工程建设。加快长兴岛海洋装备产业基地建设,完善轨道交通和天然气主干管网等配套设施。加快龙泉港以东 2.4 千米上海港杭州湾港区金山中作业区建设,带动金山港区开发。三是加快"中国邮轮旅游发展试验区"建设,完善相关配套设施,打造国际一流的邮轮母港、长三角国际邮轮组合母港和中国邮轮门户港。优化提升北外滩邮轮游艇码头整体环境,在北外滩设立游艇交易中心。开展吴淞口邮轮码头改扩建工程,设立吴淞口国际邮轮码头公共保税仓库,推动上港十四区整体转型开发。争取将部分国家旅客 72 小时过境免签政策施行范围扩展至上海邮轮母港,进一步提高上海邮轮母港吸引力。

(三) 加强与自贸试验区联动发展,提升海洋经济开放水平

一是充分利用上海自由贸易试验区改革开放和政策红利,适时修订和调整外商投

资准入特别管理措施(负面清单),在海洋工程装备设计、船舶制造和设计修理、游艇制造、国际海上运输、国际船舶代理、外轮理货等海洋制造业和服务业领域扩大开放,暂停或取消投资者资质要求、股比限制、经营范围限制等准入限制措施。二是加大政策聚焦、扶持和服务力度,积极吸引国际船舶运输、海洋工程装备、船舶制造、海洋金融服务、融资租赁等跨国公司地区总部和央企总部集聚,积极争取国际海上人命救助联盟亚太中心、亚洲船级社协会常设秘书处、上海船员评估示范中心、国家集装箱运价备案中心、新华国际航运研究院等国际机构和功能性平台落户,支持境外国际邮轮公司在沪注册设立经营性机构,进一步营造市场化、法治化和国际化的营商环境。三是推动全市有条件的涉海企业加快"走出去",通过境外投资、兼并收购、合作开发、跨境经营等方式,参与国际海洋产业竞争合作和全球海洋事务治理,不断扩大上海在国际上的影响力。

(四) 加强区域海洋经济协作,促进江海联动协同发展

一是充分发挥上海战略基点作用,全面参与"一带一路"滨海港口建设、海洋产业发展、海上经贸、海洋资源开发和海洋事务合作。二是抓住长江经济带开发建设上升为国家战略和长三角城市群规划编制启动有利契机,加快上海与长江流域省市合作,扩大上海经济和资源腹地,打通从长江到海洋的江海大通道,提高国际海运通道保障能力。三是发挥长江黄金水道优势,加强沿江港口分工协作,增强江海、海陆、海空多式联运能力,发展水水、水陆、铁水中转业务,培育内河集装箱市场发展,加快内陆无水港建设。积极争取扩大启运港退税政策试点范围,推行长三角和长江经济带通关一体化改革,推广"属地申报、口岸验放"区域通关模式,带动长江中上游的武汉、重庆航运中心建设和沿江港口群发展。建立综合信息共享平台,加快形成便捷高效的长三角区域及长江干线港口、航运信息交换系统。四是扩大上海海洋与沿海省市海洋经济合作,充分发挥上海海洋区位、科技、金融、开放等综合优势,进一步增强上海海洋服务长江流域、服务沿海、服务全国的辐射和带动能力。

附件：调查报表目录

表号	表名	调查范围	调查对象
一、单位清查表			
QC1（1—18）表	涉海单位清查表（通用表）	沿海地区	底册中需要采集信息标识认定的法人单位
二、通用调查表			
TY1 表	涉海企业金融情况和职工工资	沿海地区	涉海企业法人单位
TY2 表	涉海企业研发活动及相关情况	沿海地区	涉海企业法人单位
TY3 表	涉海上市公司情况	沿海地区	涉海上市公司
三、产业调查表			
CY1 表	海洋渔业企业生产经营情况	沿海地区	海洋渔业企业法人单位
CY2 表	海洋水产品加工企业生产经营情况	沿海地区	海洋水产品加工企业法人单位
CY3 表	海洋油气企业生产经营情况	沿海地区	海洋油气企业法人单位
CY4 表	海洋矿业企业生产经营情况	沿海乡、镇、街道	海洋矿业企业法人单位
CY5 表	海洋盐业企业生产经营情况	沿海地区	海洋盐业企业法人单位
CY6 表	海洋船舶工业企业生产经营情况	沿海地区	海洋船舶工业企业法人单位
CY7 表	海洋工程装备制造企业生产经营情况	沿海地区	海洋工程装备制造企业法人单位
CY8 表	海洋化工企业生产经营情况	沿海地区	海洋化工企业法人单位
CY9 表	海洋药物和生物制品企业生产经营情况	沿海地区	海洋药物和生物制品企业法人单位

（续表）

表号	表名	调查范围	调查对象
CY10 表	海洋工程建筑企业生产经营情况	沿海地区	海洋工程建筑企业法人单位
CY11 表	海洋可再生能源利用企业生产经营情况	沿海县（县级市、区）和中山、东莞、三沙、儋州	海洋可再生能源利用企业法人单位
CY12 表	海水利用企业生产经营情况	沿海地区	海水利用企业法人单位
CY13 表	海洋运输企业经营情况	沿海地区	海洋运输企业法人单位
CY14 表	沿海港口经营情况	沿海城市和海南直辖的沿海县	沿海港口法人单位
CY15 表	海底管道运输情况	沿海地区	海底管道运输企业法人单位
CY16 表	跨海大桥（海底隧道）运营情况	沿海城市和海南直辖的沿海县	海洋行政管理机构
CY17 表	沿海城市邮轮服务企业经营情况	天津、上海、厦门、三亚	邮轮服务企业法人单位
CY18 表	沿海城市游艇服务企业经营情况	沿海城市和海南直辖的沿海县	游艇服务企业法人单位
CY19 表	海洋主题会展基本情况	沿海地区	海洋行政管理机构
CY20 表	海洋节庆和民俗活动基本情况	沿海地区	海洋行政管理机构
CY21 表	海洋科研机构科研情况	沿海地区	海洋科研机构
CY22 表	涉海院校科研情况	沿海地区	涉海院校
CY23 表	海洋教育情况	沿海地区	涉海院校
CY24 表	海洋行政管理情况	沿海地区	海洋行政管理机构及其下属的参照公务员法管理的法人单位
CY25 表	海洋类期刊出版情况	沿海地区	出版海洋类期刊的法人单位
CY26 表	海洋相关产业情况	沿海地区	部分海洋相关产业企业法人单位

（续表）

表号	表名	调查范围	调查对象
四、专题调查表			
ZT1 表	海洋工程和围填海情况	沿海地区	海域使用权人（用海单位或个人）
ZT2 表	海洋防灾减灾机构及减灾工作投入	沿海地区	防灾减灾机构
ZT3 表	海洋灾害损失	沿海地区	沿海各级海洋部门
ZT4 表	入海河流调查表	沿海地区	沿海地区水利部门
ZT5 表	陆源入海排污口调查表	沿海地区	沿海地区环保部门
ZT6 表	临海开发区基本情况	沿海县（县级市、区）和东莞、中山、三沙、儋州	临海开发区管理机构
ZT7 表	海岛县基本情况	海岛县	海岛县统计局
ZT8 表	海岛乡镇基本情况	海岛乡镇	海岛乡镇统计局